重金属污染土壤生物修复技术

亓琳　著

中国水利水电出版社
www.waterpub.com.cn
·北京·

内 容 提 要

本书全面地讨论了重金属对土壤的污染状况以及各种修复技术。全书共八章，主要包括：土壤重金属污染现状、土壤重金属元素背景值和环境容量、土壤重金属污染的植物修复技术、土壤重金属污染的动物修复技术、土壤重金属污染的微生物修复技术、土壤重金属污染强化修复技术、土壤重金属污染的丛枝菌根真菌修复技术和展望。

本书可作为环境专业的参考用书，也可以作为从事环保研究的科研人员和工程技术人员的参考资料。

图书在版编目（CIP）数据

重金属污染土壤生物修复技术 / 亓琳著. -- 北京 : 中国水利水电出版社, 2017.12（2022.9重印）

ISBN 978-7-5170-6118-2

Ⅰ. ①重… Ⅱ. ①亓… Ⅲ. ①土壤污染－重金属污染－生态恢复－研究 Ⅳ. ①X53

中国版本图书馆CIP数据核字（2017）第305377号

责任编辑：陈　洁　　　封面设计：王　伟

书　　名	重金属污染土壤生物修复技术 ZHONGJINSHU WURAN TURANG SHENGWU XIUFU JISHU
作　　者	亓琳　著
出版发行	中国水利水电出版社 （北京市海淀区玉渊潭南路1号D座　100038） 网址：www.waterpub.com.cn E-mail：mchannel@263.net（万水） sales@mwr.gov.cn 电话：（010）68545888（营销中心）、82562819（万水）
经　　售	全国各地新华书店和相关出版物销售网点
排　　版	北京万水电子信息有限公司
印　　刷	天津光之彩印刷有限公司
规　　格	170mm×240mm　16开本　12.75印张　223千字
版　　次	2018年 1月第1版　2022年9月第2次印刷
册　　数	2001-3001册
定　　价	52.00元

前言

土壤资源是人类生活和生产最基本、最广泛、最重要的自然资源之一，是地球上陆地生态系统的重要组成部分。土壤环境是由植物和土壤生物及其生存环境要素，包括土壤矿物质、有机质、土壤空气和土壤水构成的一个有机统一整体，是90%污染物的最终受体，比如大气污染造成的污染物沉降、污水的灌溉和下渗、固体废弃物的填埋，“受害者”都是土壤。土壤污染源复杂，污染物种类繁多。土壤污染对人类的危害性极大，它不仅直接导致粮食的减产，而且通过食物链影响人体健康。此外，土壤中的污染物通过地下水的污染以及污染物的转移构成对人类生存环境多个层面上的不良胁迫和危害。

20世纪60年代，从发达国家如荷兰、美国，因为化学废弃物的倾倒导致严重的土壤污染开始至今，土壤污染问题已遍及世界五大洲，主要集中在欧洲，其次是亚洲和美洲。在我国，随着工农业生产和乡镇企业及农村城镇化的迅速发展，土壤环境污染问题已越来越严重！我国国家环境保护部和国土资源部于2014年5月联合发布的《全国土壤污染状况调查公报》表明，全国土壤环境状况总体不容乐观，土壤污染总的超标率为16.1%，其中耕地的超标率达到19.4%，总体上以无机污染为主，无机污染物超标点位数占全部超标点位的82.8%。其中，城市和工业场地污染严重，重金属矿区问题突出，尤以土壤重金属镉污染问题最为突出。此外，区域性和流域性污染态势恶化，高强度人为活动地区的土壤环境复合污染问题尤为严峻。土壤环境质量直接关系到农产品的安全。中国由于土壤污染每年生产的重金属污染粮食多达1.2×10^7t；全国出产的主要农产品中，农药残留超标率高达16%~20%，PAHs超标率高达20%以上。在许多重点地区，土壤及地下水污染已经导致癌症等疾病的发病率和死亡率明显高于没有污染的对照区数倍到十多倍。土壤污染已成为限制中国农产品国际贸易和社会经济可持续发展的重大障碍之一，污染土壤迫切需要修复与治理。2016年5月，国务院正式颁布《土壤污染防治行动计划（国发[2016]31号）》，这是中国土壤修复事业发展的重要里程碑。

污染土壤生物修复是当今环境保护领域技术发展的热点领域，也是最具挑战的研究方向之一。国内在污染土壤修复技术方面的研究从20世纪70年代就已经开始，当时以农业修复措施的研究为主。随着时间的推移，其他修复技术的研究（如化学修复和物理修复技术等）也逐渐展开。到了20世纪末，污染土壤的生物修复技术研究在我国也迅速开展起来。总体而言，虽然我国在土壤修复技术研究方面取得了可喜的进展，但在修复技术研究的广度和深度方面与发达国家尚有一定差距，特别是工程修复方面差距较大。

全书共八章，主要包括：土壤重金属污染现状、土壤重金属元素背景值和环境容量、土壤重金属污染的植物修复技术、土壤重金属污染的动物修复技术、土壤重金属污染的微生物修复技术、土壤重金属污染强化修复技术、土壤重金属污染的丛枝菌根真菌修复技术和展望。

本书在撰写过程中，参考了很多国外专家学者的研究成果和专业资料，在此一并表示感谢。由于时间仓促，书中难免有疏漏和不妥之处，请读者朋友们不吝指正。

作　者

2017年10月

目　录

前言

第一章　土壤重金属污染现状……………………………………1
第一节　土壤重金属污染问题……………………………………2
第二节　土壤重金属污染治理与修复研究进展……………………5
第三节　土壤重金属的来源和危害…………………………………9
第四节　五毒金属的性质和危害…………………………………15
第五节　五毒金属在土壤中的迁移和转化………………………20

第二章　土壤重金属元素背景值和环境容量……………………27
第一节　土壤重金属元素环境背景值……………………………28
第二节　土壤重金属元素环境容量………………………………40
第三节　土壤环境质量与重金属污染判别………………………47

第三章　土壤重金属污染的植物修复技术………………………51
第一节　重金属对植物的毒性效应………………………………52
第二节　植物修复的概念与特点…………………………………53
第三节　植物修复的原理与方法…………………………………54
第四节　环境条件对植物修复的影响……………………………65
第五节　植物修复重金属污染土壤应用实例……………………71

第四章　土壤重金属污染的动物修复技术………………………75
第一节　动物修复原理……………………………………………76
第二节　污染物对土壤动物的生态毒理作用……………………79
第三节　蚯蚓对污染土壤修复的原理……………………………83

第五章　土壤重金属污染的微生物修复技术……………………87
第一节　重金属污染对土壤微生物的影响………………………88
第二节　微生物修复………………………………………………90

第三节 微生物–植物联合修复 …… 107

第六章 土壤重金属污染强化修复技术 …… 111
第一节 土壤重金属污染物理修复 …… 112
第二节 土壤重金属污染化学修复 …… 127
第三节 土壤重金属污染农艺措施 …… 135

第七章 土壤重金属污染的丛枝菌根真菌修复技术 …… 141
第一节 丛枝菌根真菌概述 …… 142
第二节 丛枝菌根–植物联合修复 …… 152
第三节 丛枝菌根对多环芳烃污染土壤的修复 …… 164

第八章 展望 …… 175
第一节 我国土壤修复行业面临的主要问题 …… 176
第二节 我国污染土壤修复的技术局限性 …… 178
第三节 我国污染土壤修复的技术发展趋势 …… 180
第四节 我国污染土壤修复商业模式建议 …… 185
第五节 我国土壤修复工作展望 …… 189

参考文献 …… 191

第一章

土壤重金属污染现状

在自然界中，土壤是人类生存环境中重要的组成部分，也是人类赖以生存的物质基础，土壤是珍贵的，是不可再生资源。但是随着人类文明的进步、经济技术的发展，土壤受到很严重的污染。

首先，土壤的性质包括吸附性、酸碱性等因素制约着黏粒矿物质的发育过程，土壤是由固、液、气三相物质组成的，其中固相物质占土壤总面积的一半儿以上，所以固相的形状也就影响了土壤的形状。

其次，土壤的结构是制约着土壤的类型、数量、排列方式以及稳定性的综合特性，其中包含了土壤结构和土壤环境结构两个部分，其相互制约、相互影响着。

最后，土壤的环境结构是一个复杂多变的环境要素，分为单个土体和三维层次的土体结构，如图1-1所示是把土壤分为不同层次的结构图。

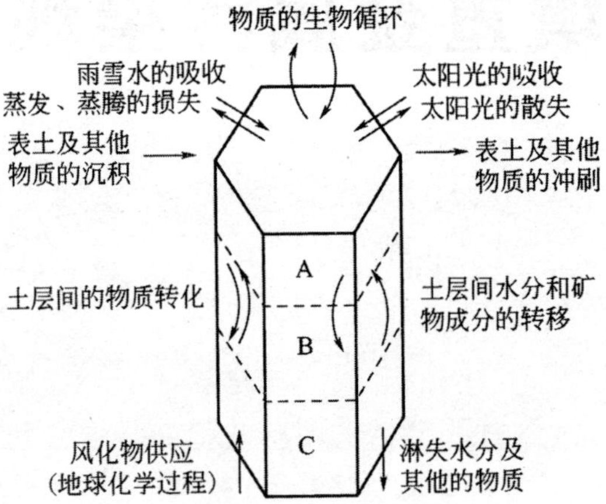

图1-1　土层结构图

第一节　土壤重金属污染问题

一、土壤重金属污染

在化学领域，元素周期表中金属元素密度>5的所有金属，都可以称为重金属。从另外一个领域来讲，重金属对于环境中的土壤污染也是比较严重的，其来源极其广泛，其中还有毒性较大的重金属元素。最早的土壤重金属污染发生在日本的领域，那里有铜矿废水的排入使农田以及农作物坏死，最严重的是农田周围的土壤寸草不生。当时的社会只是发展工业，对工业中的废气、废渣以及废水能给生态造成的伤害从来没有估算过。当时在日本，有了公害事件，其中最为典型的是“骨痛病”和“水俣病”。公害事件的发生，使人们意识到对土壤环境的保护，以及防御重金属污染土壤的重要性，也有研究人员将分析、调查结果、解决方案，以及对农作物的伤害做出了一系列的报告，也成为当时科学领域的热门话题之一。

土壤重金属污染只是人类的日常活动以及土壤里的微量元素已经超过了土壤含量的背景值，而且还在不断地积累，导致了含量超高。但是土壤重金属污染来源也包含了工业上的排放、农业上的排放（农药）、日常生活的排放，还有来自自然界的原因，都会导致土壤微量元素的超高标准。虽然污染种类多种多样，但是主要来讲分为三个方面，一个方面来自于工业方面，各个工矿企业向土壤输入了大量的有害物质；另外一个方面就是农业上的，主要是对农作物施肥、喷药以及污水灌溉等，农业对土壤的污染是日积月累的；第三个方面就是人类生活垃圾的排放，以及人类活动也影响着土壤的污染情况。

随着各种各样的奇怪病状的发生，国家也对土壤的污染越来越重视，具体有以下的概述。

二、土壤重金属污染治理初步提上议事日程

在新中国的新形势下，日本最为典型的两起公害事件，得到了我国乃至全世界，对重金属污染的重新认识，但是这个认识是个循序渐进的过程。随着研究实践的进一步调查，发现一些金属元素对农作物没有伤害，但是对人体是有伤害的，食量过多的话还会引起骨骼软化、身体萎缩等病状。在国家高度重视下，对土壤的金属污染治理初步议事已提交日程上，具体有以下几方面的表现。

（一）启动立法工作

如果想全方位地、具有最明显效果治理或者预防土壤被污染，首先是要立法部门颁布有关法律条文，因为法律是神圣的，是权威的，而且也是具有威严的。截止到2012年年底，我国颁布了和污染环境等相关法律法规已有几十部之多，如《中华人民共和国环境保护法》等。这些法律法规的颁布，在一定程度上起着积极的作用，但是到目前为止，对于重金属污染防治体系的建立还不够全面，有关规定比较分散，主要是我国缺少对重金属污染预防的专项立法等。

（二）完善土壤环境保护的相关标准规范

为了弥补法律上的缺陷，我国对于土壤环境的保护启动了首个对于展览会使用土地的标准规范，主要是针对土壤质量的检测，此标准规范主要是起预防作用，预防环境污染问题，传播身体健康知识，维护生态平衡，以及确保展览会建设用地对环境安全保护。此项目也起到了对于环境保护的检测作用。总之，比较贴近人类的日常生活，而且还能贯彻到生活当中，宣传保护环境人人有责的作用。

（三）警钟的敲响

一些污染事件，不只是在国外，我国也有多起事件发生。例如，在我国南部地区发生了砷污染事件，随后就有血铅事件的发生，给人们造成了极大的伤害和阴影。实际这些重金属污染，给我们敲了警钟，同时也是给人类对大自然的保护发出了警告信号，所以，保护环境，保护土壤不受污染已经是迫在眉睫。

（四）国家对于土壤重金属污染问题引起重视

近几年来，重金属污染问题已经进入了领导人的视线，不仅把重金属污染工作作为重点的监督对象，还把重金属污染的隐患彻查清楚，进行防御。截止到2010年，我国采集土壤和农产品的样品二十多万个，报告获得的有效数据将近五百万个，建成了土壤污染问题的数据库，并组织全国对土壤问题状况进行调查、报告等一系列的工作。

（五）运筹帷幄，规划先行

由于土壤污染数据库的建立，对于那些有严重污染的工业（有严重的排放超标）直接关闭，进行整改，在“十二五”规划中，主要内容就是防御工作，预防为先，对工业进行大力调整。随后环境保护部门还发布了对于环境保护标准的修订版本，其重要内容有：以保护人体健康为目标，进一步控制有毒有害物质为指标，对土壤污染进行评估，初步建立工业污染场地的环境风险管理与污染控制标准体系。

（六）政府对土壤保护工作的重视

国家就土壤保护问题召开了国务院常务的会议，主要是针对土壤进行保护和综合治理开展工作。主要目标就是保土壤环境、保证农产品的安全和人们的身体健康状况，建设良好的人们居住环境；其对构建土壤检测的漏洞进行完善，主要任务就是加快国家土壤保护体系的建立，逐步完善土壤质量，主要任务如图1–2所示。

① 严格保护耕地和集中式饮用水水源地土壤环境。确定土壤环境优先保护区域，建立保护档案和评估、考核机制。国家实行“以奖促保”政策，支持工矿污染整治、农业污染源治理

② 加强土壤污染物来源控制=强化农业生产过程环境监管，控制工矿企业污染，加强城镇集中治污设施及周边土壤环境管理

③ 严格管控受污染土壤的环境风险。开展受污染耕地土壤环境监测和农产品质量检测，强化污染场地环境监管，建立土壤环境强制调查评估制度

④ 开展土壤污染治理与修复。以受污染耕地和污染场地为重点，实施典型区域土壤污染综合治理

⑤ 提升土壤环境监管能力。深化土壤环境基础调查，强化土壤环境保护科技支撑

图1-2　土壤环境保护的任务

会议要求，土壤环境保护是人人有责的任务，充分发挥市场的作用，吸引更多的人群关注环境保护的重要性。

第二节　土壤重金属污染治理与修复研究进展

一、土壤重金属污染治理与修复概述

就目前来讲，重金属污染较严重，而且每年呈递增的趋势，其后果会导致粮食产量问题，以及人类身体健康问题，同时也加剧了我国人耕土地面积减少问题。针对重金属污染面积大，多数土壤处于中低污染问题上没法彻底处理，我国处理污染技术落后，其中最关键的就是基础研究不足。

针对重金属的污染治理，国内外专家开展了大量的基础研究以及大量的实践应用，对于治理问题提出两个治理方法，分别是原位治理和异位治理。原位治理就是利用化学和生物等措施改变重金污染的有效迁移，这种

方法最为经济适用，受到广大环境学家的关注。异位治理的环境风险低，见效快，但是对环境的扰动性比较大。

土壤重金属污染的修复是指将被污染的土壤中添加一种/多种活性物质，使其和土壤的成分产生化学反应，改变了重金属元素的赋存状态，同时也降低了那些金属的有毒性质。接下来重点讲解土壤重金属污染的修复研究问题。

二、土壤重金属污染的修复技术研究发展

重金属的性质，具有隐蔽性和长期性，危害特点是有毒重金属在土壤积累到一定程度后，就会危及土壤的退化，农作物产量下降，农作物的质量问题也受到影响，还会影响河流和地表水。人们食用地表水和农作物，身体健康也会受到影响。目前，随着多次对土壤问题的研究，修复土壤问题技术也在不断的发展，并取得了一定的成果。其具体的修复措施具体如下所示。

（一）工程方面措施

工程方面的措施主要是针对土壤方面的翻动，降低土壤的重金属含量，减少重金属对植物的有害影响。客土和换土是主要针对重污染的区域常用的一种方法，是从日本引进过来的先进技术，翻土是一种常用的工程方面的措施，主要只是针对中低度污染区域使用的，降低有害物质的含量，剩下的是让土壤自己去“消化”。此种措施主要优点是稳定性高，主要缺点就是耗资大、实施的工程也大，而且还会破坏土壤的本来的结构，引起土壤肥力的下降。

（二）物理修复

物理修复主要包含了电动修复、电热修复和土壤淋洗等方面。具体讲解如图1–3所示。

（三）化学修复

化学修复是指在土壤里添加改良剂使其吸收，用以降低重金属的生物有效性。该技术主要是选择经济有效的改良剂，因为不同的改良剂对重金属的机理是不同的，有些是为了调节土壤中的酸碱中和度，有些改良剂是为了降低土壤中的重金属元素，有些改良剂则是调节土壤的机制问题，总之，在使用改良剂之前要对土壤进行分析，选择合适的改良剂才是最重要的选择。在整个研究过程中，发现如果添加了对人体无害的或有益于重金属元素拮抗的物质，也可以减少重金属的污染突然问题，这样的方法直接在土壤里进行，简单易行。所以，通过化学修复土壤问题，也是方便可行

① 电动修复。通过在电流的作用下，使重金属分子进行分解，或者电迁移的方式向电极运输。研究发现，土壤 pH 值、缓冲性能、土壤组分及污染金属种类会影响修复的效果

② 电热修复。电热修复是用高频电压产生电磁波，产生热能，对土壤进行加热，使污染物从土壤颗粒内解吸出来，加快一些易挥发性重金属从土壤中分离，从而达到修复目的

③ 土壤淋洗。土壤同金属的机制可分为两大类：一是以离子态吸附在土壤组分的表面；二是形成金属化合物的沉淀。土壤淋洗是利用淋洗液把土壤同相中重金属转移到土壤液相中去，再把富含重金属的废水进一步回收处理的土壤修复方法

图1–3　物理修复土壤的方式

的，以防土壤的有害物质危害到农作物。

（四）生物修复

此种修复方法是利用生物技术来治理土壤里的有害物质，使其降低有毒元素或者消减重金属的有毒物质，起到净化土壤的作用，此种方法使用简单，效果好，得到广大人民的欢迎。具体的修复技术分为植物修复技术和微生物修复技术两类，具体如下所示。

1. 植物修复技术的概述

此种技术是利用植物和重金属的过程，是利用重金属富有超级强的植物吸收性质，植物将其吸收在土壤中，并运转成其他植物或者对土壤无污染的元素。美国科学家经过试验研究表明，其实际上就是指将某种特定的具有抗毒性质的植物种植在重金属污染区域里，因为这些植物具有特殊的吸收效果，等这些植物吸收到一定程度之后，再将这些植物迁移到其他地方，妥善处理。随着经济技术的发展，目前该技术已经到了可以净化土壤里的成分的程度，并产生了良好的效果，对于生物防污染的开发具有很高的价值中植物的修复技术主要是根据自然的正常生长和遗传培育实现的，其中可以分为三种类型，如图1–4所示。

2. 微生物修复技术

微生物修复技术在土壤重金属污染方面具有独特的技术。其主要原理有：可以改善土壤重金属污染的环境，降低土壤重金属中的有毒元素，调节土壤的酸碱程度，对于某些重金属具有一定的吸附作用。

① 植物提取。即利用重金属超富集植物从土壤中吸取金属污染物，随后收割地上部并进行集中处理，连续种植该植物，达到降低或去除土壤重金属污染的目的

② 植物挥发。其机理是利用植物根系吸收金属，将其转化为气态物质挥发到大气中，以降低土壤污染。目前研究较多的是Hg和Se。湿地上的某些植物可清除土壤中的Se，其中单质占75%，挥发态占20%～25%。该植物能从土壤中吸收Hg并将其还原为挥发性单质Hg

③ 植物稳定。利用耐重金属植物或超富集植物降低重金属的活性，从而减少重金属被淋洗到地下水或通过空气扩散进一步污染环境的可能性。其机理主要是通过金属在根部的富集、沉淀或根表吸收来加强土壤中重金属的固化。实际上，此种方法与植物挥发技术类似，区别在于植物挥发技术将污染毒迁出土壤，而植物稳定技术只是将其转化为相对环境友好的形态

图1-4 植物修复的分类

（五）农业生态修复

农业生态方面的修复技术主要包括两个方面。一是农耕方面的技术。主要指经常改变农耕作物的品种，种植不进入食物链的植物，降低对化肥的使用率，或者多增施有机化肥，这样可以降解土壤里的重金属污染的程度。另一方面就是生态修复。主要是起到调节的作用，如调节土壤中的酸碱程度，土壤的养分来对土壤重金属调控。这两个方面起到了一定的积极作用，但是效果周期长，不是马上就能见到效果，所以，需要一定的耐心才能看到农业生态修复的成果。

（六）植物-微生物联合修复

为了弥补各种修复技术上的漏洞，好多科学家将植物-微生物组合起来进行研究。结果表明，此种修复技术可以除去土壤中多种金属有毒元素，并且在短期时间内就可以提供，效果也是明显的。这就把植物的作用和微生物的作用合并在一起，发挥了最大的效果，微生物可以促进植物对重金属的吸收，同时也可以促进植物的生长，植物中的细菌对重金属吸附、调节等。

利用微生物和植物对重金属污染土壤进行修复具有高效的作用。到目前为止，此技术主要是对植物的根系和微生物的宿主植物进行研究，在土壤中，植物也是选择合适的环境，进行对重金属的吸附，发挥其作用，

如果遇到土壤环境不适合植物的生长，就不能发挥作用，甚至植物也会死掉，所以此种技术具有不稳定性。由于植物内部结构比较复杂，对于这方面的报道和路径还是比较少，植物病害防治与生物修复目前只能从根系起到很好的效果，国内外的专家们还在对这些方面进行研究，相信在不久的将来会有很好的成果。

第三节　土壤重金属的来源和危害

土壤重金属污染的来源很广泛，具体来讲主要分为两大部分。第一，就是人为的原因，人类无休止地向大自然排放有害物质，不光是土壤受到了污染，大自然的生态平衡也被破坏；第二，就是土壤本身含有大量的金属元素，不同的金属元素，长年累月也会对土壤造成污染危害。本节针对土壤重金属的来源主要分为一般重金属的来源和五毒重金属的来源，分析其造成的危害。

一、重金属的一般来源

（一）大气沉降中的重金属

大气中的沉降来源有很多种方式，如工业生产排放的物质，人们生活中的汽车尾气排放，一些橡皮制造而成的物体在磨损时产生的大量有害气体和粉尘等。这些主要分布在工矿业或者工厂甚至是公路两旁，经过大雨冲刷就会渗入到土壤里。其实跟我们生活息息相关的是汽油的燃烧，因为汽油的燃烧会产生大量的铅元素，而汽车轮胎的磨损会产生大量的锌元素的粉尘，对于道路而言，两旁就是有害气体沉降最多的位置，再通过自然沉降和雨淋沉降，就会沉降在土壤里，进而影响土壤的结构变化，最后是土壤的污染。

此外，大气沉降的污染还和人口分布密度有关，人口分布越密集，污染得就会越厉害，相反就会污染得少，因为人口密度越大，人们的生活活动越多，从而造成了大气沉降的污染；还有一种就是大气中的汞元素也会影响土壤里汞离子，使其增高。

（二）农业的来源

农业的来源主要是对农作物施肥、打农药的过程中产生的，主要来源于化学有害元素铅、汞、镉、砷等，这些元素都会在实施的过程中沉降在土壤里，从而打破了土壤本来的结构，或者增加了突然的元素，使其受到污染，更严重的是使土壤退化。所以国家倡导使用有机化肥，这样可以防护土壤受到污染。

（三）污水灌溉

污水灌溉的来源主要是生活污水、商业污水、工业废水的排放，用来加工处理过的污水进行农作物、森林或者草地灌溉，不仅污染土壤环境，还对身体有害。污水灌溉的密集型主要是分布在人口分布密集、工厂、矿业附近，远离这些地方的土壤没有受到污染。据测定，污水中含有较多氮、磷、钾、锌、镁等多种养分，有丰富的有机质悬浮物，所以污水灌溉的稻田，节省肥料，降低成本，而且土壤肥力不断提高。近年来，污染灌溉的使用率挺高，甚至是遍布各地，目前也受到国家的重视，正在把控和处理污水灌溉问题。

（四）污泥农用

对污泥大量使用是因为污泥中含有较高的有机物质，所以污泥农用可以减少对农作物的施肥，也减少了正常的开支和成本；但同时存在有害元素，如重金属中的汞。污泥农用的危害有：使土壤中的重金属物质不断提高；污泥施肥可以导致土壤重金属含量的增加；重金属严重超标就会影响农作物的生长，结果导致农作物的污染。污泥农用有优点也有缺点，如果想用城市污水、污泥改良土壤，这种方法是不可行的。

（五）含重金属固体废弃物堆积

这种来源主要是对废弃物没有很好地处理，其种类繁多，危害方式和污染程度不一样，污染的范围一般是在废弃物堆积的地方为中心，向四周扩散，由于废弃物的种类不一样，其所含的重金属不一样，所以有些是重度污染，有些是中度或者轻度污染。所以，在我们生活、工业操作时都要对废弃物、垃圾进行归类。

（六）金属矿山酸性废水污染

这种污染方式主要是对工矿业的开采、冶炼的废渣和矿渣的排放，使含有酸性的元素随着废弃物排出去，或者通过降雨使之带入水环境直接进入土壤里。这样的污染有两种途径，一种是直接污染，另外一种就是间接污染，一般来讲，工业污染严重，市区污染高于农村或者郊区，表层土壤污染市区和工矿业是最严重的，有些废弃物随着河流进行污染，从河流的上游直接污染到下游一带，再加上大气干湿沉降为主要来源的土壤重金属污染就有很强的叠加性。

二、五毒重金属的来源

常见的五毒重金属主要有汞、镉、砷、铬和铅，其毒害最强的就属汞元素了，我们俗称它为“水银”。五毒重金属的来源也是很广泛，接下来将逐一说明其来源。

（一）汞污染来源

汞是一种毒害性最大的金属，在常温的状态下是液体的形式，其熔点很低，具有很强的挥发性质，汞主要以有机汞、无机汞和金属汞三种形态存在自然界中，在这三种形态中有机汞是最为有毒的，最为代表的案例就是日本的“水俣病”。汞在地壳内主要以硫化物或者游离态的金属汞存在于矿物质中。土壤的汞污染主要来自于人为的因素、成土母质和成土过程所导致的。其主要的来源还是人为中的污染灌溉、燃煤、重金属冶炼厂的排放所导致的。科学研究表明，汞一旦进入土壤后，在土壤中的黏土矿物质和有机物质吸收作用下，土壤几乎会将汞全部吸收。在农业方面含有汞的重金属元素比较少，目前调查显示土壤污染的重金属主要来源还是矿业和工业占主导地位。分析其原因有如下三点：第一，矿业的开采，对矿物质的冶炼，将“三废”排出去，使其周围土壤污染；第二，煤炭、石油和天然气的燃烧，所排放的大量含汞元素的有毒气体，随着大气的沉降和雨水，渗透在土壤，会造成间接的土壤污染；第三，制造日光灯、电子、塑料等企业也是主要的污染土壤的来源。

（二）镉的污染来源

镉是生物界中最强的有毒元素之一。其主要来源于镉矿和冶炼厂，镉和锌是共生，所以在排放中也有锌的存在，它们的挥发性极强，在污染中心可以向四周以千米之远进行污染。镉在土壤的状态中也有三种形式，其中以可给态和代换态为主，它们主要是迁移转化，而且很容易被植物吸收，也有不被植物吸收镉元素的存在，但是在较长时间内，可以转化为另一种形式被植物所吸收。镉主要来自于人们的生产活动，如农药的使用、金属冶炼、污水灌溉、磷肥的使用、采矿等。

（三）砷的污染来源

土壤中的砷的来源主要是燃煤、大气沉降、含砷农药的使用。在排放中，砷主要集中在表土层很浅的表面，经过大雨冲刷就会渗入土壤的深层，此时如果有磷元素存在，就会有助于砷的移动。根据砷的形态按照植物的吸收程度可以分为水溶性砷和吸附性砷以及难溶性砷。砷及其化合物为剧毒污染物，可以导致癌变，区域地质异常等。

污染土壤中的砷主要人为的来源如图1–5所示。

① 含砷矿物的开采与冶炼将大量砷引入环境。矿物焙烧或冶炼中，挥发砷可在空气中氧化为 As_2O_3 ，而凝结成固体颗粒沉积至土壤和水体中

② 含砷原料的广泛应用。砷化物大量用于多种工业部门，如制革工业中作为脱毛剂、木材工业中作为防腐剂、冶金工业中作为添加剂、玻璃工业中用砷化物脱色等。这些工业企业在生产中排放大量的砷进入土壤

③ 含砷农药和化肥的使用。曾经施用过的含砷农药主要有砷酸钙、砷酸铅、甲基砷、亚砷酸钠、砷酸铜等

④ 高温源（燃煤、植被燃烧、火山作用）释放。燃烧高砷煤导致空气污染引起居民慢性中毒在我国贵州时有报导，贵州兴仁县居民燃用高砷煤，引起严重环境砷污染和大批人群中毒

图1–5　人为原因导致砷的来源

由图可以看出，砷主要来源是农业的生产活动，以直接或者间接的方式导致了土壤的污染。

（四）铬的污染来源

铬元素在周期表中属于VIB族，常见的化合价为+3、+6、+2，当铬进入土壤后，很快就被土壤所吸收、固定，在土壤中难以再迁移。其中+6是最毒的有害元素，而+3则是沉积于土壤中，随着土壤的酸碱性增加而增加。铬还存在于地壳中，主要以氧化物和硫化物的形式存在，在不同的矿物质中有不同的特性。

铬的主要来源是人为的污染。例如，印染厂、制革厂对污泥的排放，一般而言，污染区中的铬主要是沉积于土壤的表面，随着排放的增加而增加，随着土壤深度的增加而减少趋势。

（五）铅的污染来源

铅是一种柔软性和延展性强的弱金属，属于重金属的一种，其本来颜色是青白色，后来随着暴露在空气中被氧化为暗灰色。铅的用途也很广，体育课的铅球、蓄电池以及建筑行业也是利用铅。正是因为用途很广泛，所以污染就会很严重，土壤中的铅含量是随着土壤的类型而决定的。如果岩石的矿物质被风化，其铅就会保留在土壤中。人类活动污染主要来源于矿山、冶炼厂、蓄电池等所排放出的废气、废渣、废水，生活中的汽车尾

气的排放，农业的含铅的农药等，都属于其来源。所以，为了维持土壤不被重金属污染，一定要根据国家标准的惯例进行生产运作。

三、土壤重金属的危害

（一）对土壤肥力的危害

大量的重金属的累积，将会影响到土壤性质，从而让土壤的肥力下降。在植物生长过程中，主要有氮、磷、钾三种元素是必须要有的，如果土壤被重金属污染了，将会有机氮的矿化、磷被吸附、钾形态改变，不仅影响到土壤，也影响植物和农作物的生长。土壤污染对钾的影响主要体现在两个方面，一是钾在土壤里的主要作用是具有土壤的吸附性、解吸性和形态的分配，如果累积的重金属就会占据土壤原有的重金属，将会影响钾在土壤中的作用；二是重金属的污染将会影响到微生物和植物的有毒性，降低了钾在土壤里的吸附作用。土壤污染对氮的主要影响是导致土壤矿化式，使其土壤的供氮能力下降。土壤污染对磷的影响有其他金属进入土壤后，会影响磷的吸持固定化，使磷的有效性下降。不同的重金属对磷的吸附作用不同。此外重金属对土壤的污染还会影响磷的形态。

（二）对农作物和植物的危害

重金属对植物的危害主要体现在养分的吸收，重金属对植物的毒害作用因所处的环境、作物种类不同而不同。有些重金属将会影响到植物的生长和发育，有些会导致植物的病变，有些会使植物的根部延伸受阻碍等。

如图1-6所示是进入土壤之后的重金属对植物的影响，重金属将会影响到土壤溶液吸附胶体的作用，也有可能使其他重金属在土壤中沉积，影响植物对它们的吸收，使土壤的酸碱程度和温度有所变化。

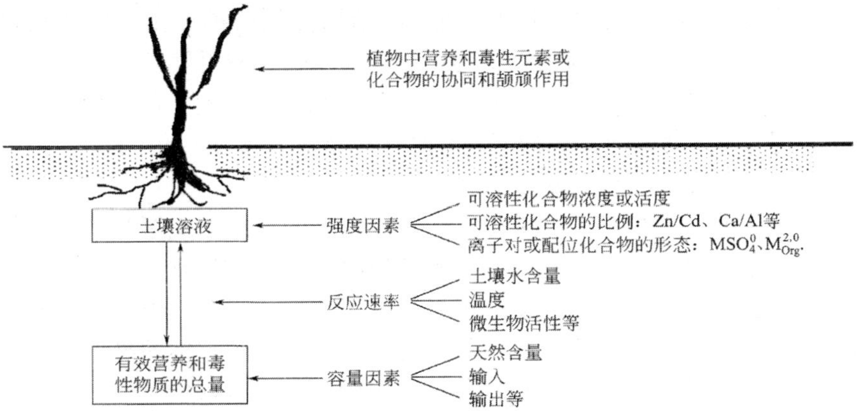

图1-6　重金属污染对植物的影响

（三）对土壤的微生物的影响

对微生物的影响分为两个部分，一是对微生物的影响，二是对土壤中的活性酶的影响。

1.对微生物的影响

土壤微生物是维持土壤生态系统平衡的一个重要的组成部分，具有土壤生态营养循环的作用，微生物一般有细菌、真菌等。它们是各种有机质的能源，一般土壤肥力越高，有机质就会越高，微生物就会越活跃。微生物在土壤中进行分解、聚合和转化等，正常的重金属浓度，对微生物没有什么特别的影响；在低浓度下，会对微生物的生长产生刺激作用；高浓度下就会抑制微生物的生长。所以不同的重金属浓度会对微生物造成不同的影响。在未污染的土壤中，土壤微生物量和土壤有机质之间有密切相连的关系，被重金属所污染的土壤，其内在关系会变得复杂、很差，同时也会影响了土壤的肥力，土壤表层的微生物量数量就会减少。重金属对土壤微生物除了在表面层有影响，还在数量上有影响，微生物修复方面也会受到破坏。受到重金属污染的土壤，会富集多种重金属的真菌和细菌，一方面微生物通过多种形式来影响到重金属的活动性，另一方面微生物吸附和转化重金属及其化合物，但是土壤的重金属浓度较高时就会导致微生物的死亡。

2.对土壤活性酶的影响

土壤的酶与微生物是密切相关的，酶是微生物分泌出来的，并且和微生物一起参与到土壤物质和能量的循环中，在土壤中活性酶的种类很多，常见的有水解酶、脲酶、磷酸酶等。酶的作用就是衡量土壤肥力的指标，是土壤重金属浓度高与低是否有毒评价的唯一标准。有关研究发现，重金属会影响到酶的活跃性。

重金属对土壤的酶抑制主要有两方面：第一是有害重金属进入土壤中，会对酶直接产生活性基因，酶空间结构受到破损，土壤的酶活性下降；第二就是污染物抑制微生物的生长与繁殖，会降低酶的数量，导致土壤肥力下降。试验研究还发现同一种重金属元素对不同土质的酶活性抑制作用不同，有时是暂时性的抑制，有时直接限制了微生物的生长。

（四）重金属对人体的危害

重金属的污染最终的后果将会导致人和畜的健康。土壤受到污染的过程要经过很长时间，具有隐蔽性，刚开始时不容易被发现，一旦发现了，重金属就会超标，污染的程度就相当严重了，重金属对人类的健康有很大的影响，发生在日本的“水俣病”就是因为重金属的超标而导致的。重金属对人类健康危害是因为被污染的土壤中的植物所吸收的重金属元素过高，人类和畜牧一旦食用、消化，重金属就会进入呼吸道再进入身体的各个部位，造成直接上的或者间接上的危害。其中对人体最大危害的就是“五毒”：汞食用后会导致肝脏受损；铬食用后会造成神经异常，四肢麻木；砷食用后会导致皮肤色素沉着；镉食用后会导致骨骼的破坏；铅一旦被人体食用后就很难排出体外，直接危害到脑细胞。但是维持人体的必需品，还是避免不了重金属元素，一旦在人体内超标，将会影响到人体健康。

第四节　五毒金属的性质和危害

一、五毒金属的性质

五毒是对土壤最为有毒的重金属元素，有各自不同的性质，如图1–7所示。

①汞是化学元素，俗称水银， 原子序数 80，是种密度大、银白色、室温下为液态的过渡金属，常用来制作温度计，在相同条件下，汞的凝固点是摄氏-38.83℃ ，沸点是摄氏 356.73℃ ，汞是所有金属元素中液态温度范围最小

②镉是银白色有光泽的金属，熔点 320.9℃，沸点 765℃，密度 8650 kg/m^3。有韧性和延展性。在潮湿空气中缓慢氧化并失去金属光泽，加热时表面形成棕色的氧化物层，若加热至沸点以上，则会产生氧化镉烟雾

③铬是银白色金属，质极硬，耐腐蚀。密度 7.20 克/cm^3 。熔点 1857±20℃，沸点 2672℃。在高温下被水蒸气所氧化，在 1000℃下被一氧化碳所氧化

④铅为化学元素，其化学符号是 Pb，原子序数为 82。铅是柔软和延展性强的弱金属，有毒，也是重金属。铅原本的颜色为青白色，在空气中表面很快被一层暗灰色的氧化物覆盖

⑤砷，俗称砒，是一种非金属元素，单质以灰砷、黑砷和黄砷这三种同素异形体的形式存在

图1–7　五毒重金属的性质

二、五毒重金属的危害

（一）镉的危害

镉元素不是植物生长发育的必需元素，如果在土壤中镉元素超标，将会导致土壤受到污染，不仅植物受到影响，其内在的微生物也受到威胁。镉对植物的危害主要有：破坏叶绿素的结构，导致叶子的病变；对土壤的酶活性有所降低，影响了植物的正常发育和生长；对农作物的影响是使其产量降低，其危害过程是首先危害植物的根部，使其不能正常吸收土壤的养分，其次就是干扰到叶子的结构，影响植物光合作用的吸收。但是不同的植物对土壤的镉抵御能力不同，是根据土壤的性质而定的，不同的植物对镉的转移和吸附能力也不同，所以就会出现一种现象：有些植物在镉的影响下矮小、叶子发黄，但是有些植物就会和正常的生长一样。此外，同一种植物在不同的时期，对镉的吸收程度也不同，在植物旺盛的时期，吸收大量的镉，使其转移出去，并未受到很严重的影响，其他时期的植物就会被镉元素所影响。

镉对人体的危害有：通过消化道进入人体的，就蓄积在内，潜伏期很长，镉一部分会与人体的血红蛋白结合，一部分会与人体的其他细胞结合，最后随着血液的流动危及内脏各个器官，最终沉积于肾脏和肝脏中，一旦被人发现，就是镉中毒的现象了。在我们日常生活中贫血就是镉中毒的常见现象，此时需要更加注意自已的身体。镉在人体的潜伏期内随着年龄的增长而逐渐增加，镉对人体的影响也是使人体的生长和发育受到限制，抑制人体的酶活性。总之，镉的毒性很大，对人体的健康影响如图1–8所示。

（二）铅的危害

植物对铅的敏感程度不太明显，同样的，铅也不是植物生长发育的必备因素，但是铅会影响到农作物的产量，铅对植物的直接影响是主要抑制或者不正常地促进酶的活性，影响植物的光合作用，直接外在的表现就是使植物的叶绿素直接下降，阻碍了植物的呼吸。铅是土壤污染较为普遍的现象，具体对植物的影响为，铅进入土壤中会在表层和土壤中的有机物相结合，停留在土壤的表层，一般不会向土壤深层渗入，一旦长时间地被植物所吸收，就会使植物的根系丧失功能，妨碍植物的吸收能力；另外铅还可以对植物的蛋白质合成，阻碍植物的细胞分裂；也会影响植物的呼吸功能。总之，一旦植物吸收了铅，就会很难将其排出去。

①与蛋白分子中的巯基结合，抑制众多酶活性，干扰人体正常代谢，减少体重

②刺激人体胃肠系统，致使食欲缺乏，导致人体食物摄入量下降

③影响骨骼钙质代谢，使骨质软化、变形或骨折

④累积于肾脏、肝脏和动脉中，抑制锌酶活性，导致糖尿、蛋白尿和氨基酸尿等症状

⑤诱发癌症（骨癌、直肠癌和胃肠癌等），最新研究显示，女性摄入镉的量越高，患乳腺癌风险越大，此外还有可能导致贫血症或高血压发生

图1-8　镉对人体的主要危害

铅对人体也有很大的危害，铅通过食道进入人体后，会影响体内的酶活动，甚至和体内的酶相结合，沉积在骨骼中，使人体的生理系统受到破坏。铅对人体的毒害主要表现如图1-9所示。

①对δ-氨基乙酰丙酸合成酶有强烈抑制作用，对δ-氨基乙酰丙酸合成酶有强烈抑制作用，造成卟啉代谢及血红蛋白合成障碍，导致贫血

②抑制红细胞ATP酶活性，增加红细胞膜的脆性，引起溶血

③具有神经系统毒性，引起中毒性脑病和周围神经病

④损害肾小管及肾小球旁器功能及结构，引起中毒性肾病、小血管痉挛、高血压。普遍认为儿童和胎儿对铅污染比成年人更为敏感

图1-9　铅对人体的危害

（三）铬的危害

铬在植物内有体现，只是很小的一部分元素，至今，还未发现铬是不是植物生长发育的必备元素，但它对植物的生长和发育具有一定的影响，而且和周围的自然环境有密切的关系。铬对植物的好处是在微量的情况下可以促进农作物的生产。铬对植物的危害有：高浓度的铬对植物的根部有影响，使植物所需要的养分运输受阻；其能穿过细胞，干扰细胞的分分裂，阻碍植物的呼吸作用；对种子的萌芽也有影响；铬对植物的根系有重

大的影响，重浓度下的铬将会使植物出现叶子卷曲、褪色的现象；铬对土壤中的微生物活性酶也有一定的抑制作用。

研究发现，铬是人体必需的微量元素。铬对人体的益处如图1-10所示。

①人体缺乏铬会抑制胰岛素的活性，影响胰岛素正常的生理功能

②缺铬亦导致机体血糖升高，出现糖尿，使脂肪代谢紊乱，出现高脂血症，诱发动脉硬化和冠心病

③对营养不良婴儿给予补铬试验治疗，患儿生长发育速度加快，体重增加，体质改善

④铬对血红蛋白的合成及造血过程也具有良好的促进作用

图1-10 铬对人体的益处

铬对人体的危害就是超浓度的铬将会导致癌变的发生。

（四）汞的危害

研究发现，汞不是植物生长的必备重金属元素，但是所有的植物内都有微量的汞元素的存在，汞的存在方式不仅仅在土壤里还会在大气里，所以植物不仅可以在土壤中吸取汞，还可以通过叶子的呼吸作用来吸收汞。由于汞的物理性质，导致汞的分散转移具有一定的特性，这样植物的危害将会增大。汞对植物的影响主要有根系和植物的叶子。植物在生长发育中，由于光合作用，将会吸入大量的二氧化碳的同时，也会吸取大气中其他的重金属元素，其中就会有汞的存在，重浓度的汞，抑制植物光合作用的发展，使植物的叶子出现黄化；对植物的根系影响是：汞是中度的富集性元素，植物大量吸入汞，会导致养分传输阻碍，使根系发育不健全，影响植物的生长。汞在植物体内存在，还会使植物中毒，更为严重的是可以直接导致植物死亡。汞还对土壤中的微生物、土壤活性酶有一定的影响。

其实汞是重金属中毒性最大的有毒元素，尤其是有机汞的存在，对人体的伤害也是很大的。汞对人体的伤害如图1-11所示。

- 汞在人体中蓄积于肾、肝、脑中，主要毒害神经，破坏蛋白质、核酸，使人出现手足麻木，神经紊乱等症状
- 重金属中以汞的毒性最大，无机汞盐引起的急性中毒症状主要为急性胃肠炎症状，如恶心、呕吐、腹泻、腹痛等
- 慢性中毒表现为多梦、失眠、易兴奋、手指震颤等。汞的毒性以有机汞化合物的毒性最大（甲基汞），日本“水俣病”的致病物质即为甲基汞
- 微量的汞在人体内一般不致引起危害，可经尿、粪和汗液等途径排出体外，倘若过量汞通过呼吸系统、食道、血液和皮肤进入人体内，可在一定条件下转化成剧毒的甲基汞，侵害人的神经系统
- 汞及其化合物在人体内的蓄积部位不同，如金属汞主要蓄积在肾和脑，无机汞主要富集于肾脏，而有机汞主要存在于血液及中枢神经系统
- 金属汞进入人体后，迅速被氧化成汞离子，并与体内酶或蛋白质中许多带负电的基团（如巯基）等结合，抑制细胞内许多代谢途径（如能量、蛋白质和核酸的合成），进而影响细胞功能和生长

图1–11　汞对人体的伤害

（五）砷的危害

砷虽然不是植物生长发育的必需元素，但是由于砷影响植物的氧化酶的活性，同时也杀死了植物周围的有害细菌，刺激了植物的生长，使农作物的常量提高，相反，过量的砷是对植物有害的。首先，砷对植物的伤害体现在叶子上，使植物的叶子卷曲、萎缩和脱落，其次，植物的根系生长受阻碍，抑制植物的生长，甚至是枯死。其中植物叶子的发黄，有两种原因（只针对高等植物），一是叶子的绿色素遭到了破坏；二是植物的水分和氮素的吸收受到了阻碍。不同的植物对砷的吸收和富集具有很大的差异。砷对土壤的微生物也有一定的毒害作用，土壤被砷污染后，其微生物的生长和分解也会受到阻碍，导致肥力的下降。

砷对人体也有很大的伤害，它是传统的毒害，砒霜对人们并不陌生，它就是砷。砷一旦进入人体后，会抑制细胞，使人的新陈代谢遭到破坏，具体的危害如图1–12所示。

砷会破坏维生素B、参与三羧酸循环而导致维生素B缺乏，引起神经性炎症

无机砷的毒害症状表现为周围神经系统障碍和造血机能受阻、肝脏肿大和色素过度沉积

有机砷则表现为中枢神经系统失调，提高脑病和视神经萎缩的发病率

慢性砷中毒一般表现为眼睑水肿、口腔溃疡、皮肤过度角质化、腹泻和步态蹒跚等

急性中毒症状为腹痛、呕吐、赤痢、烦渴、心力衰竭、食欲废绝、精神抑郁等

砷还与癌症发病率有关，研究显示，砷与肝癌、鼻咽癌、肺癌、皮肤癌、膀胱癌、肾癌及男性前列腺癌有关

图1–12 砷对人体的伤害

第五节 五毒金属在土壤中的迁移和转化

一、汞金属的迁移和转化

汞在自然界中存在的方式有多种，既可以在土壤中，也可以在大气中，其化学形态有有机汞、无机汞、金属汞三种形态。其中有机汞是最为有毒的化学形态。硫化汞是无毒的，甲基汞毒性是最大的，也是危害最为普遍的。汞在土壤中的迁移转化行为，既受到环境的影响也受到土壤自身的性质影响。具体如下：

（一）汞的氧化还原

土壤中的汞有0、+1、+2三种价态，汞还有很强的电离势，想要转化离子很难，汞的存在价态受土壤环境的氧化作用和酸碱性作用的影响。三种价态的转化反应如下：

$$Hg^0 \xrightleftharpoons{\text{氧化作用}} Hg_2^{2+} + Hg^{2+}$$

$$Hg_2^{2+} \xrightleftharpoons{\text{歧化作用}} Hg^{2+} + Hg^0$$

$$Hg^{2+} \xrightleftharpoons{\text{土壤微生物作用}} Hg^0$$

可以看出，汞与其他金属不同，可以以零价的形式存在于土壤中，特别是在土壤还原条件下，受土壤酸碱性质的影响，其价态会发生变化，如图1–13所示。

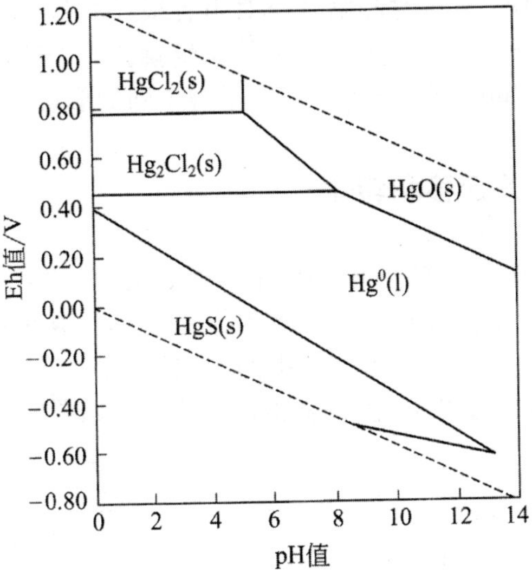

图1–13　汞在pH和Eh的状态图

从图1–13可以看出，单质汞在常温状态下，具有很高的挥发性质，所以，汞除了在土壤里存在，还会以气体的形态挥发进入大气层，并参与到大气循环中。

（二）汞的吸附固定特征

腐殖质固定汞的能力比粘土矿物要大得多，所以汞具有很强的吸附固定能力。汞进入土壤后，95%以上能被土壤迅速吸附或固定，因此汞容易在土壤表层积累。

（三）汞的甲基化

在某些条件下，无机汞在微生物的作用下，可以转化为剧毒的有机汞，其转化过程有：

$$Hg^{2+}+2R\text{-}CH_3 \rightarrow CH_3\text{-}Hg\text{-}CH_3 \rightarrow CH_3Hg^{+}+CH_3^{+}$$

或

$$Hg^{2+}+R\text{-}CH_3 \rightarrow CH_3Hg^{+} \rightarrow CH_3HgCH_3$$

通常，在水分较多、黏重的土壤中，甲基汞的存在是较少，相反，甲基汞就会较多；如果土壤的温度较高，汞的挥发性就会越强，相反，就会越弱，总之，汞的转化速度与土壤中的温度、湿度和黏度有一定的关系。

（四）汞的络合和螯合

汞在土壤中的存在方式各不相同，随着环境的变化而变化。在常态的自然界中多数以Cl^-和OH^-的形态存在；在土壤溶液浓度较高时就会以$HgCl_3^-$和$HgCl_4^{2-}$的形态存在；在氧气充足的状态下，汞又以$Hg(OH)_2^0$和$HgCl_2^0$的形态出现。土壤中的有机物和腐殖质对汞有很强的螯合作用，如果这种作用和吸附作用结合在一起，土壤里汞的含量就会高于矿物质汞的含量，所以，对汞来说，不同的环境条件下，会呈现不同的形态。

二、镉金属的迁移和转化

镉进入土壤中，会被土壤吸附沉积于土壤中，其中土壤的性质和类型决定着镉的吸附率。此外，镉的吸附作用还与土壤的酸碱性和土壤中的溶液氧化还原作用有关系。当土壤中的酸碱性低时，镉的溶出率就高；相反，就会低；当pH值是7.5时，镉就很难被溶出。如图1–14所示为镉与Eh和pH的关系图。

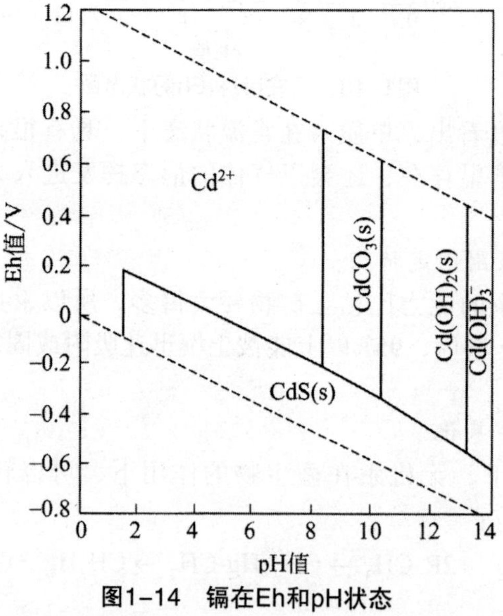

图1–14 镉在Eh和pH状态

三、铅金属的迁移和转化

土壤中的铅活性很低，一般都是以Pb^{2+}的形态存在，其稳定性很强，与其他的重金属一样，有机质对铅的吸收具有很好的作用，在土壤15厘米左右的深度，是铅含量最高的位置，其中土壤中的Eh和pH也会影响铅的形态，如图1-15所示。

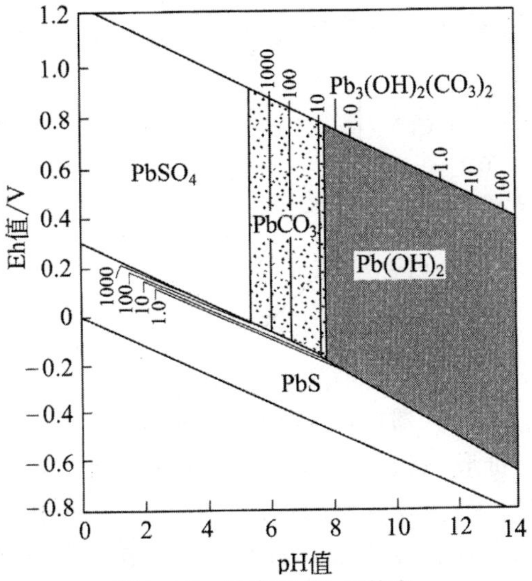

图1-15　铅在Eh和pH状态

铅与胡敏酸和富里酸可以形成稳定性螯合物，腐殖质对于铅的吸附能力以及形成螯合物是比较稳定，但是随着土壤的酸碱度变化而变化，如果酸碱程度偏高，就会增高，相反就会降低。同时pH也决定着黏土矿物和其他矿物对铅的吸附的固定与吸附程度多少。铅的水解过程以及和氯离子形成络合物，两者都会影响土壤中铅化物的溶解度。据研究，铅的来源也与汽车的尾气排放有关系，距离公路越近，其铅的含量就会越高。

四、铬金属的迁移与转化

土壤中的铬存在的形态较多，有两种三价铬Cr^{3+}和CrO_2^-；有两种是六价$Cr_2O_7^{2-}$和CrO_4^{2-}，土壤中的氧化还原电位和酸碱程度制约着铬的存在价态，如图1-16所示为铬的存在价态。

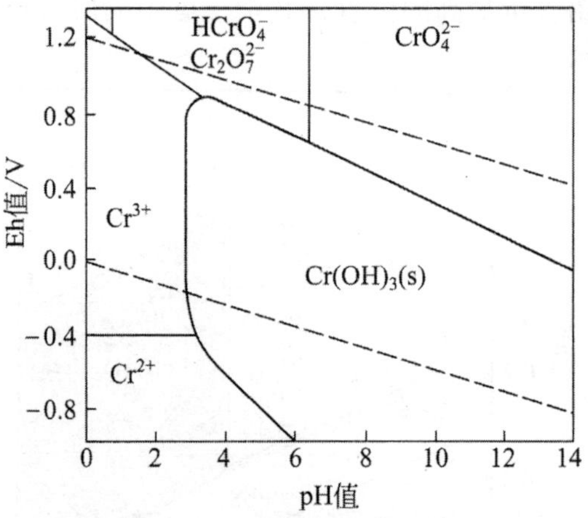

图1-16 铬在Eh和pH状态

土壤中铬的三价形态和六价形态可以相互转化，如果在高氧化、pH呈现酸性或者碱性时，铬会以六价的形态存在；当土壤中Eh和pH较低时，铅就会以三价的形态存在；在土壤有机质和低价铁、溶解性硫化物等存在的情况下，六价铬被还原为三价铬。在土壤胶体中，带有负电荷的胶体可以交换吸附以阳离子形式存在的三价铬离子，但是六价铬活跃性很强，一般不被土壤吸收，在土壤中容易转移。

总之，在土壤中，三价铬比较稳定，而且容易被吸附，转化，而六价铬活跃性强，不被吸收，随着时间的推移，会被土壤所迁移。

五、砷金属的迁移与转化

砷在土壤中有两种形态，一种是无机砷，一种是有机砷，通常情况下无机砷要比有机砷的毒性大，在氧化与酸性的环境中，砷主要以无机砷酸盐的形态存在，在还原碱性环境中又以亚砷酸盐的形态存在。按照砷在土壤吸收的难易程度来划分，可以将砷分为以下几类，如图1-17所示。

- 水溶性砷。该形态砷含量极少，常低 1mg/kg，一般只占土壤全砷的 5%～10%
- 吸附性砷。指被吸附在土壤表面交换点上的砷，较易释放，可同水溶性砷一样易被作物所吸收，因而与水溶性砷一同被称为可给态砷或是有效态砷
- 难溶性砷。这部分砷不易被植物吸收，但在一定的条件下可转化成有效态砷

图1-17 砷金属的分类

砷对土壤的氧化程度和酸碱性极为敏感，砷在土壤中存在的状态多以阴离子形式存在，当土壤的酸性变为中性或者碱性时，砷的转移能力变强；酸碱性影响着土壤带正电荷的胶体对砷的吸附，当酸碱性减低时，土壤的胶体带有正电荷就会增加，对砷的吸附能力就会变强；相反，就会对砷的吸附能力降低。在土壤的氧化条件下，砷主要以H_3AsO_4的形式存在，容易被交替地吸附。有些研究认为土壤对砷具有吸附的制约条件，受土壤的质地、有机质和矿物质等制约。

第二章

土壤重金属元素背景值和环境容量

环境背景值与环境容量是环境科学研究中两个基本的概念。土壤作为重要的农业资源与环境要素，在未受到人类活动影响时土壤本身重金属元素有其背景或本底含量水平，也即未受到污染时的状态。在土壤环境质量标准制定之后，土壤这个重要的环境介质就有达到或超过标准值所能容纳重金属污染物的最大量即土壤环境容量。本章主要论述土壤背景值与土壤环境容量的概念、内涵、影响因素及实际应用。

第一节　土壤重金属元素环境背景值

一、土壤环境背景值概述

（一）土壤环境背景值的概念

土壤环境背景值是指未受或少受人类活动（特别是人为污染）影响的土壤环境本身的化学元素组成及其含量。地球上不同区域，从岩石成分到地理环境和生物群落差异很大，因而土壤环境背景值实质上是各自然成土因素（包括时间因素）的函数。然而，随着人类社会的不断发展，科学技术和生产水平的不断提高，人类对自然环境的影响也随之不断地增强和扩展。目前，已很难找到绝对不受人类活动影响的土壤。因此，现在所获得的土壤环境背景值也只能是尽可能不受或少受人类活动影响的数值。所谓土壤环境背景值只是代表土壤环境发展中一个历史阶段的、相对意义上的数值，并非是确定不变的数值。有了一时一地的环境背景值，就比较容易察觉哪些成分在该时该地有了异常，这对于评价土壤环境污染大有裨益。

研究土壤环境背景值具有重要的实践意义。

①土壤环境背景值是土壤环境质量评价，特别是土壤污染综合评价的基本依据。如评价土壤环境质量，划分质量等级或评价土壤是否已发生污染，划分污染等级，均必须以区域土壤环境背景值作为对比的基础和评价的标准，并用以判断土壤环境质量状况和污染程度，以制定防治土壤污染的措施，进而作为土壤环境质量预测和调控的基本依据。

②土壤环境背景值是研究和确定土壤环境容量，制定土壤环境标准的基本数据。

③土壤环境背景值也是研究污染元素和化合物在土壤环境中的化学行为的依据。污染物进入土壤环境之后的组成、数量、形态和分布均发生变化，因而需要与环境背景值比较才能加以分析和判断。

④在土地利用及其规划，研究土壤生态、施肥、污水灌溉、种植业规划，提高农、林、牧、副业生产水平和产品质量，食品卫生、环境医学时，土壤环境背景值也是重要的参比数据。

总之，土壤环境背景值不仅是土壤环境学和环境科学研究的基础，也是区域土壤环境质量评价、土壤污染态势预测预报、土壤环境容量计算、土壤环境质量基准或标准确定、土壤环境中的元素迁移和转化研究，以及制定国民经济发展规划等多方面工作的重要基础数据。

（二）土壤环境背景值研究的现状

（1）国外土壤环境背景值研究现状

土壤背景值的研究大约始于 20 世纪 70 年代，是随着环境污染的出现而发展起来的。其中美国、英国、加拿大、日本等国家在这方面开展的工作较早。

美国的康诺尔（Conoor）、沙格莱特（Shacklette）1975年就发表了美国大陆岩石、沉积物、土壤、植物及蔬菜中所含的48种元素的地球化学背景值。这些背景值是对美国147个景观单元8000多个岩石、沉积物、土壤、植物及蔬菜样品分析结果的总结。在这些总结中，他们介绍了背景值研究的目的、样品收集及分析方法等，列出了地球化学概览表。这是美国地球化学背景值研究比较系统的资料，是世界自然背景值研究的重要文献之一。

加拿大的米尔斯（Mills）等1975年发表了曼尼托巴农业土壤中重金属含量资料，弗兰克（Frank）等1976年发表了加拿大曼尼托巴省和安大略省土壤中重金属含量资料，指出安大略省土壤自然背景值Hg为0.08 mg/kg、Cd 0.56mg/kg、Co 4.4mg/kg、As 6.3mg/kg、Pb 14.1mg/kg、Cr 14.3mg/kg、Ni 15.9mg/kg；同时指出绝大多数土壤重金属含量随土壤黏粒及有机质含量增加而升高。

日本诺月利之、松尾嘉郎、久马一刚于1978年发表了日本15个道、县水稻土中Pb、 Zn、Ni、Cr和V的自然背景值的分布及变异幅度。诺月利之关于土壤母质风化的地球化学研究，为日本土壤肥料和环境科学做出了重要贡献。此外，1982年冈崎正规等研究了填筑地土壤中重金属的含量。

英国的英格兰、威尔士土壤调查总部于1979～1983年按网格设计，每隔5km采集一个表土样品，在英格兰、威尔士共采集6 000个样品，测定了P、K、Ca、Mg、Na、F、Al、 Ti、Zn、Cu、Ni、Cd、Cr、Pb、Co、Mo、Ba、Cs等19种元素的含量。苏格兰麦肯莱（Macanlay）土壤研究所在苏格兰采集了1 000个土样，测定了Cr、Co、Cu、Pb、Mn、 Mo、Ni、V、Hg、Cd、Zn 11种元素的含量，并提出了英国土壤部分元素含量水平。

自20世纪70年代以来，由于工业的发展及其带来的污染问题，苏联开始加强环境监测和科学研究。自1978年起，环境监测由苏联国家水文气象自然环境监测委员会负责，并由卫生、土地改良和水利、农业部门协同工作。观测网点中土壤100个、地面水400个、大气350个。

（2）中国土壤环境背景值的研究现状

中国于1972年召开了第一次全国环境保护大会，1973年开始了自然环境背景值研究。1977年初，中国科学院土壤背景值协作组对北京、南京、广东等地区的土壤、水体、生物等方面的背景值开展研究，取得了一批成果。上海市农科院汪雅各等1983年公布了对上海农业土壤中Cd、Hg、Zn、Pb、Cr、As、F的含量及背景水平的研究结果，介绍了农业土壤背景值含量的频率分布，提出检验背景值水平的方法。1979年，原农牧渔业部组织农业研究部门、中国科学院、环保部门和大专院校共34个单位，对北京、天津、上海、黑龙江、吉林、山东、江苏、浙江、贵州、四川、陕西、新疆、广东等13个省区市的主要农业土壤和粮食作物中9种有害元素的含量进行了研究。

1982年，中国政府将土壤环境背景值研究列入“六五”重点科技攻关项目。该项目由原农牧渔业部环境保护科研监测所主持，组织全国农业环保部门、中国科学院、大专院校共32个单位，开展了中国9省市主要经济自然区农业土壤及主要粮食作物中污染元素环境背景值的研究，共采集12个土类、26个亚类土壤样品2314个，粮食样品1180个，工作面积约2800万公顷耕地，测定了Cu、Zn、Pb、Cd、Ni、Cr、As、Ti、F、Se、Mo、Co等14种元素的背景值。对中国、日本、英国土壤重金属元素环境背景值的比较可以看出（表2-1），中国土壤元素环境背景值与日本和英国土壤的含量水平大体相当，在数量级上一致。

表2-1 中国、日本、英国土壤元素背景值比较 单位：mg/kg

元素	中国	日本	英国
As	11.2	9.02	11.3
Cd	0.097	0.413	0.62
C0	12.7	10	12
Cr	61.0	41.3	84
Cu	22.6	36.97	25.8
Hg	0.065	0.28	0.098
Mn	583	583	761
Ni	26.9	28.5	33.7
Pb	26.0	20.4	29.2
Se	0.29		0.40
V	82.4		108
Zn	74.2	63.8	59.8

注：引自魏复盛等，中国土壤环境背景值研究，1991。

“七五”计划期间，土壤环境背景值研究再次被列入国家重点科技攻关项目，由中国环境监测总站等60余个单位协作攻关，调查范围包括除了台湾省以外的29个省区市，共采集4095个典型剖面样品，测定了As、Cd、Co、Cr、Cu、F、Hg、Mn、Ni、Pb、Se、V、Zn以及pH值，有机质、粉砂、物理性黏粒含量等共18项；还从4095个剖面中选出863个主剖面，加测了48种元素，即Li、Na、K、Rb、Cs、Ag、Be、Mg、Ca、Sr、Ba、B、Al、Ga、Ln、Tl、Se、Y、La、Ce、Pr、Nd、Sm、Eu、Cd、Tb、Dy、Ho、Er、Tm、Yb、Lu、Th、U、Ge、Sn、Ti、Zr、Hf、Sb、Bi、Ta、Te、Mo、W、Br、I、Fe，并测定了总稀土（TR）、铈组、钇组稀土的统计量，总共获得69个项目的基本统计量。这是中国土壤环境背景值测定范围最大、项目最多的一项研究。1990年出版的《中国土壤元素背景值》一书，是迄今为止中国土壤环境背景值研究最重要的著作。同时，“六五”和“七五”期间还开展了国家科技攻关项目“土壤背景值”和“土壤环境容量”，这是中国土壤背景值研究有别于其他国家的主要方面。

近几年关于土壤环境背景值的研究主要是围绕一些区域、地域性或特定功能用地土壤。陈兴仁等（2012）对安徽省江淮流域多个区域表层和深层土壤地球化学基准值、背景值及相应的地球化学参数进行统计分析研究表明，表层土壤化学组成对深层土壤表现出一定的继承性，同时又因表生作用发生了不同程度的改变；受人为扰动的污染元素和活动性强的元素在表层土壤和深层土壤中分布差异显著；土壤元素地球化学基准值受成土母质类型影响显著，即使成土母质类型相同的情况下，不同空间位置母质的形成环境、成因来源不同也会导致其化学组成的空间变异，因此不同地区同类成土母质地球化学基准值也有所不同。

成航新等（2014）通过对中国31个省会城市3799件表层土壤样品（0~20cm）和1011件深层土壤样品（150~180cm）中52种化学元素及pH值和有机碳数据分布结构的研究，采用中位数-绝对中位差法、正态和对数正态法计算出中国31个省会城市土壤52种化学元素的地球化学背景值、基准值及它们的变化区间。结果表明，城市土壤中N、Ca、Hg、Ag、Au、Bi、Cd、Cu、Mo、Pb、S、Sb、Se、Sn、Zn元素的自然背景发生了显著变化，近年来中国大规模的城镇化和工业化对这些元素在城市土壤中累积具有重要贡献。张山岭等（2012）研究“七五”以来20多年来广东省土壤背景点环境质量变化情况，与“七五”背景值比较，土壤A层中Hg以及A、C两层中F含量下降，Se、V、Zn和Co的含量有较明显的上升，As、Co、Cr、F、Hg、Mn、Ni、V和Zn的含量从A层到C层呈增加趋势，Cd、Pb和Cu的含量呈减少趋势，Se的含量基本没有变化。

（三）土壤环境背景值研究的意义

人口和工业生产规模的巨大增长，伴随废弃物数量急剧增加，在环境问题遍及全球的今天，人类活动已经污染了包括土壤圈在内的各个圈层，要了解某一区域是否受到污染以及其发展的程度，只有在了解原有环境背景值的条件下才能实现，因此土壤环境背景值研究作为土壤环境保护研究的一项基础性工作，在理论上和实践上都有重要意义。

（1）土壤污染防治和土壤环境质量评价都必须以土壤环境背景值作为基础。土壤环境背景值研究还可促进土壤元素丰度和分布、土壤元素迁移转化规律以及土壤元素的区划等的研究，从而也丰富和促进了土壤学、化学地理学、地球化学、环境生态学的发展。

（2）土壤环境背景值研究可为农业生产服务，可从土壤环境背景条件和植物生长的关系寻找适合作物生长发育的最佳土壤环境背景条件和背景区，在更大的范围内实现因土种植，还可根据微量营养元素的背景值丰缺程度指导微量元素肥料的施用。

（3）土壤环境背景值研究可为防治地方病和环境病服务。环境中某一种或几种化学元素含量显著不足或过剩，是造成某些地方病和环境病的原因，了解地方病的土壤环境病因，可为地方病防治提供科学依据。

（4）土壤环境背景值研究可为地球化学找矿提供依据，地表残积层中元素的异常，直接指示矿物或矿体赋存的位置。

（5）土壤环境背景值研究可为工农业生产布局提供依据，工业建设项目选址、大区域种植结构调整，必须了解该区域的土壤环境背景特征，对于某一元素背景值高的区域，就不应该新建排放该元素的工业企业。

二、土壤环境背景值影响因素

（一）成土因素

伴随着土壤的形成，母质中各元素参与了地质大循环和生物小循环，经历了复杂的淋溶、迁移、淀积和再分配，因此土壤背景值的形成与成土条件、成土过程密切相关，必然受到气候、母质、地形地貌、生物和时间五大成土因素的综合影响。

（1）气候。气候条件不同土壤中物质的迁移、淋溶、富集状况也不同，水热条件的差异将直接影响母岩的风化程度和化学元素的释放。

（2）母质。母质是土壤物质的来源，母质的矿物成分和化学组成可直接影响土壤中化学作用进程和土壤化学成分。事实上，土壤元素在成土过程中的行为在一定程度上继承了母质的地球化学特征。有关成土母质对土壤元素背景值影响的研究较多，已有的论述表明影响土壤元素背景值的主导因素是成土母质，但仅用变异系数大小来判断影响因素的主次，依据还不够充足，因为统计不同母质土壤元素背景值变异系数未能排除其他因素的影响。

（3）地形地貌。在成土过程中，地形地貌是影响土壤和环境之间进行物质能量交换的一个重要条件，它通过各成土因素间接对土壤起作用，已有研究表明，地貌通过成土母质时间等成土因素制约着土壤成土过程，造成土壤元素含量区域差异。实际上，地形地貌的起伏变化虽然不能直接增添新的物质和能量，但它控制着地下水的活动情况，能引起水、土、光、热的重新组合与分配。因此土壤元素的背景含量也必然受地形地貌的影响，在母质均一的情况下，土壤的性状和分布就直接受地形地貌的控制，从采自同一区域不同地形部位的土壤中各元素背景含量大小就可以证明。

（4）生物因素。在由母岩母质发育形成土壤的过程中，生物的作用特别是微生物的作用十分重要，其中土壤腐殖质的分解和累积与生物（动植物和微生物）密切相关，可以说土壤表层有机质含量的多少主要受生物因素的影响，而有机质对各种化学元素的络合、吸附和螯合作用又影响土壤中元素的淋溶、迁移、累积，最终也就影响土壤元素环境背景值的形成。

（5）时间因素。土壤的形成过程是一个十分漫长的过程，从母岩母质发育形成1cm厚的土壤需要300～400年，虽然母质是土壤最初的物质来源，但时间长短决定着土壤发育的阶段，影响着母岩中各种元素分解释放的速度和数量，一般发育时间短、发育程度低的土壤其元素背景含量也相对较低。

（二）土壤理化性质对土壤环境背景值的影响

土壤有机质、酸碱度（pH值）和土壤质地对土壤中元素的含量都有不同程度的影响。土壤中的有机质对重金属元素的吸附和络合显著地影响元素的迁移能力，从而影响土壤元素背景值；随着pH值升高，土壤中Pb、Zn等元素的活动性降低，在低pH值条件下，多数重金属元素迁移性增强；许多研究表明土壤质地对金属元素含量起着重要作用，一般黏粒含量越高，质地越细，多数重金属含量就越高，甚至在母质相同、地貌平坦的地区，可根据土壤不同粒级的颗粒含量组成来推测土壤中重金属元素的含量。

二、土壤环境背景值实际应用

土壤背景值研究是环境科学的基础研究工作，所获得的结果是一份很宝贵的基础资料，可广泛用于国土规划、土地资源评价、环境监测与区划、农业的土地利用、作物微量元素施肥以及环境医学、环境管理各个方面。我国从20世纪70年代开展土壤背景值调查以来，所获资料已经广泛应用于区域环境质量评价、土壤污染防治、环境影响评价以及地方病防治等方面，取得了良好的效果。

（一）土壤环境背景值分区

分区目的：土壤背景值分区是土壤背景值研究工作的进一步深化，其目的使获得的土壤背景值基础科学资料充分应用于生产生活实际，为更好地保护土壤环境，合理利用土壤环境容量，为各种产业的合理布局、微肥施用、国土规划、区域环境评价等提供科学依据。

分区原则如下：

（1）土壤环境背景影响因素的综合性

土壤元素环境背景值受气候、水文地质、地形地貌、母质母岩、土壤类型、生物、时间、土壤有机质、pH值、质地、土地利用方式等多方面因素的影响，因而土壤环境背景值分区必须全面考虑这些因素的综合作用特征。

（2）土壤环境背景值区内的一致性和区间差异性原则

这是土壤背景值分区的一项基本原则，因为区内元素背景值含量的一致性，决定了利用土壤资源保护土壤环境对策的相似性，而对策和措施的区内相似性和区间差异性也正是分区的目的和依据所在。

（3）适当考虑行政区划的完整性

这可为各区的综合区划开发利用和管理提供方便。

分区单位命名原则如下：

一级地区：地理位置名称+土壤背景值。

二级地区：地貌名称+最低或最高背景元素名+背景地区，未在名称中体现的元素其背景值居中。

（二）利用土壤环境背景值制定土壤环境标准

土壤环境质量标准是以保护土壤环境质量、保障土壤生态平衡、维护人体健康为依据，对土壤中有害物质含量进行限制，也是环境法规的一部分。土壤环境标准与一般以单一目的为基础的建议限制浓度不同，它是一整套具有法律性的技术指标和准则。

迄今为止，世界上80多个国家都有自己的大气和水的环境标准体系，却尚未有一个国家有完善的土壤环境标准。制定土壤环境标准的主要困难首先在于土壤是一种非均质的复杂体系，与空气、水体两种流体环境要素不同，土壤受五种成土因素的综合影响，存在地区、类型间自然差异；其次土壤的物理、化学性质的不同使有害物质在土壤迁移转化、毒性方面表现出显著的差异。因此在国际上，土壤环境标准的制定仍属未解决的问题。但鉴于日益严峻的土壤环境问题，为了保护土壤这种几乎无再生能力的人类生存资源，不少国家近十余年来都特别重视土壤环境标准的研究工作。目前大都对毒性显著的几种重金属和有机物做出（或试行）某些暂时规定，以部分地满足防止土壤环境恶化和实施土壤环境保护政策的需要。

目前，国内外研究土壤环境标准的方法可分为两大类：生态效应方法和地球化学方法。

生态效应方法：①土壤卫生学和土壤酶学指标方法；②食品卫生标准方法；③作物生态效应方法；④人体效应指标方法；⑤综合生态方法。

地球化学方法：主要利用土壤元素地球化学背景值和高背景值来推断土壤环境标准的方法，又可分为以下几种。

（1）X+S体系

荷兰的专家组通过对荷兰118个无污染土壤元素含量加二倍标准差作为相应土壤中元素含量的上限，并以此值作为土壤元素含量的基础值，用以判别土壤元素含量的基准值，判别土壤是否污染。苏联颁布的土壤卫生标准，用土壤铅的背景值加20mg/kg作为土壤铅的允许含量。

（2）GM体系

英格兰和威尔士表土含铅的几何均值（GM）正好是欧盟推荐的铅的基准值。

（3）K、X体系

Webber介绍加拿大安大略省农业食品部和环境部特设委员会于1978年规定土壤中镉、镍和钼的环境基准值分别等于土壤背景值，而铜、铅、锌的基准值是背景值的3倍，铬放宽要求是背景值的7倍。

（4）高背景区土壤平均值体系数

以高背景区土壤中元素含量平均值作为该元素最大允许浓度，据Warrer（1966）报道金矿和碱金属矿附近土壤汞含量最高达2mg/kg，这正好与前西德、意大利土壤中汞的最大允许浓度相等。

可将生态效应方法与地球化学方法加以综合考虑，统一应用。

（三）土壤背景值与微量元素肥料的施用

土壤微量元素背景含量与土壤微量元素养分含量是相一致的。在农业化学研究中，土壤微量元素的全量是一个相对稳定的指标，是土壤养分储备或养分供应潜力的量度。土壤微量元素背景值的获得排除了人为活动等偶然因素的影响，更能反映元素在土壤中的本底含量和供肥潜力。因此土壤微量元素背景值基础资料应用农业生产指导微肥施用是可行的。铜、锌、锰等微量元素是植物正常生长和生活不可缺少的营养元素，土壤中微量元素供给不足或过剩，均可导致农作物产量减少、品质下降。土壤是否缺乏某种微量元素一般与全量并没有直接关系，直接影响土壤对农作物供应水平的是土壤中微量元素有效态含量。

利用土壤背景值指导农业施肥，不仅需要全量，更需要有效态土壤养分，土壤养分活性可用A表示，有效态用C表示，土壤背景（全量）用B表示，则土壤微量元素养分活性A=C/B。我国黄河中下游地区不同土壤中微量元素有效态含量和元素活化率见表2-2和表2-3。

表2-2　黄河中游地区土壤中微量元素活性分布

土壤类型	元素有效态含量/（mg/kg）					元素活化率/%				
	Mn	Zn	Cu	B	Mo	Mn	Zn	Cu	B	Mo
粟钙土	8.3	0.50	0.68	0.38	0.05	1.79	0.85	3.58	0.70	9.26
灰钙土	4.0	0.27	0.73	0.78	0.13	0.83	0.44	3.55	1.16	23.2
风沙土	4.6	0.31	0.31	0.49	0.02	1.36	0.63	1.94	1.29	4.88
黄绵土	6.1	0.37	0.71	0.28	0.03	1.19	0.58	3.87	0.52	5.08
黑垆土	7.8	0.41	0.87	0.40	0.07	1.49	0.60	4.14	0.71	11.5
楼土	8.3	0.66	1.06	0.32	0.08	1.33	0.90	4.24	0.50	12.5
灌淤土	8.6	0.71	1.36	0.85	0.13	1.58	0.96	5.91	1.13	20.9
平均	6.81	0.46	0.82	0.50	0.07	1.38	0.71	3.89	0.86	12.5

表2-3　黄河下游地区土壤中微量元素活性分布

土壤类型	元素有效态含量/（m/kg）					元素活化率/%				
	Mn	Zn	Cu	B	Mo	Mn	Zn	Cu	B	Mo
褐土	12.6	0.50	1.06	0.22	0.05	2.37	0.57	4.77	0.46	6.40
潮土	1.4	0.52	0.34	0.31	0.06	2.36	0.57	5.95	0.67	10.5
盐碱土	5.90	0.47	1.27	0.72	0.06	1.41	0.79	6.75	1.41	15.0
风沙土	5.10	0.43	0.72	0.20	0.04	1.37	0.72	0.86	0.53	19.0
普通棕壤	17.6	2.91	1.73	0.36	0.11	3.18	5.0	8.24	0.82	15.7
普通褐土	5.90	0.63	0.75	0.21	0.08	0.95	0.93	3.60	0.41	11.4
平均	9.75	0.95	1.15	0.34	0.07	1.94	1.43	5.02	0.71	13.0

（四）防治地方病和环境病

土壤中某些元素的过多与缺乏，不仅影响植物的正常生长，而且通过食物链影响动物及人类健康。微量元素与人体健康关系的研究最早可追溯到19世纪，20世纪初开始对环境中微量元素的分布进行研究，并广泛分析土壤、水、动植物和人体组织中的微量元素。本书涉及的化学元素中，锌、铜、锰、铬、氟、硒已被确认是维持生命活动不可缺少的微量元素，由于这些元素在人体中不能合成，必须从膳食和饮水中摄入，因此它们在人类营养中比维生素还重要。

我国分布的克山病、大骨节病、地方性氟中毒症和甲状腺肿病等地方病严重危害着人民的健康，已有资料证明这些地方病与环境中某些元素的丰缺有关。在我国上述四种地方病均有分布。地方性甲状腺是一种很古老也很普遍的疾病，现已查明主要由身体缺碘引起，环境中碘缺乏是发生甲状腺肿的主要原因。

（1）山西大骨节病区的土壤环境背景特征

大骨节病是一种非传染性的慢性全身性软骨骨关节病，主要症状表现为：关节痛、肢体粗短畸形，肌肉萎缩，步态蹒跚，运动障碍。山西大骨节病主要发病区是安泽、古县、浮山、沁水、沁源、榆社、武乡、左权、石楼、永和县、吉县、大宁等17个县。

关于大骨节病的病因至今尚未搞清，研究供试区土壤元素背景值无疑有助于探索该病的土壤地球化学病因，通过对大骨节病高发区（安泽、古县一带）及相邻非病区土壤各元素背景值分析比较，发现多数元素无显著差异，但病区土壤Cu、Mn显著高于非病区（A=0.05），元素硒低于非病区土壤。据此可以推断病区土壤中高Cu、Mn条件下的低Se，可能是大骨节病的致病原因之一，如果进一步分析粮食、人体中这些元素的含量状况并进行临床观察，能证实上述结论，那么这可以通过施肥，利用元素之间的拮抗和协同作用机理来调节土壤及作物中Cu、Mn、Se的含量，进而为大骨节病找到一条既经济又有效的防治途径。

（2）山西中部四大盆地土壤氟背景与氟中毒症

地方性氟中毒症包括氟斑牙和氟骨病，在山西省流行区主要分布在地势低平、地下水位较浅的运城、临汾、太原、忻定盆地地区，研究发现氟中毒分布与土壤高氟背景区的分布非常吻合，而且土壤氟背景值高的地区患病率也高，如运城盆地土壤背景最高（582.72mg/kg），该盆地氟斑牙患病率也最高（30.1%），各盆地氟中毒患病率与土壤背景值详见表2-4。

表2-4　四盆地土壤氟背景与地方性氟中毒患病率

区域	氟骨病患病率	氟斑牙患病率	土壤背景值/（mg/kg）
忻定盆地	0.17%	5.39%	486.41
太原盆地	0.05%	9.29%	519.73
临汾盆地	0.24%	21.19%	566.7
运城盆地	2.49%	30.19%	582.72

可见长期食用高氟土壤生产的粮食，也是地方性氟中毒发病的原因。山西地方病研究所姚政民试验表明，Mo与F存在拮抗作用，而山西土壤普遍缺Mo，因此增施钼肥可以降低作物对氟的吸收，进而减少人体氟的摄入量，这样不但提高了粮食作物产量，而且便于患者每天食用，起到既增产又治病的双重效益。

（3）云南土壤背景值与克山病

克山病是一种病因尚未完全清楚的地方性心肌病，其病理特征主要表现为慢性过程的心肌坏死。这种病于1935年在我国黑龙江省克山县首次发现，因病因不明，故名“克山病”。克山病是我国分布较广的一种地方病，从东北的黑龙江省到西南的云南省，呈一条宽带状分布。云南克山病，自1960年在楚雄市吕合区发现以来，全省已有10个地（州）40个县219个区镇流行，病区县占全省总县数的近1/3，病区人口约1180万。

地学和医学共同研究的结果认为，克山病区环境中缺硒是导致克山病发病的重要原因之一，而且云南克山病区的主要土壤类型是紫色土，云南土壤硒元素背景值的研究结果进一步证明了硒与克山病的关系。

从土壤类型分布上看，克山病病区环境中主要土壤是紫色土、水稻土和部分棕壤，而这三种土类的硒元素背景值是云南12个土类中最低的三类。紫色土的硒元素背景值为0.142mg/kg，都在0.2mg/kg以下。实际上在病区取得的土壤样本的硒含量均在0.06mg/kg左右。如楚雄病区为0.046mg/kg，双柏病区0.073mg/kg。根据云南省克山病防治研究中心的资料，克山病病区土壤的硒含量为0.064mg/kg左右，而非病区土壤硒含量为0.219mg/kg以上。因此，暂以0.2mg/kg作为克山病病区土壤硒含量的临界值，事实亦是如此，非病区土壤硒含量均>0.2mg/kg，如非病区的怒江州和临沧州地区，土壤硒元素背景值分别为0.668mg/kg和0.456mg/kg。

楚雄州是云南省克山病重病区，年发病率在50/100万以上，它又是紫色土分布最广的区域，土壤硒元素背景值为0.1415mg/kg，而全州的土壤硒背景值仅0.1350mg/kg，显著低于全省的土壤硒背景水平（0.284mg/kg）。所以楚雄州的克山病病情与土壤硒元素背景值是吻合得最好的。

此外，对云南全省土壤硒元素背景值全部样品进行分析．可以看到克山病区中的12个县的土壤样品的硒元素含量均在0.20mg/kg下，含量范围为0.046～0.19mg/kg，而非病区的14个县的土壤样品的硒含量都在0.20mg/kg以上，其含量范围为0.540～1.753mg/kg。这明显地反映了克山病病区与非病区土壤硒含量的巨大差异。

这样一个事实也为戴志明、刘天余对云南主要饲料、牧草中硒含量分析结果所证实，即克山病病区的饲料和牧草中硒含量<0.02mg/kg，而非病区

硒含量在0.03mg/kg以上，为0.03mg/kg～0.09mg/kg（见表2-5）。

表2-5　云南省克山病病区和非病区土壤、主要饲料、牧草中硒含量

地区分类	编号	地点	土壤硒含量/（mg/kg）	饲料牧草硒含量/（mg/kg）
病区	64	牟定	0.092	<0.02
	146	南华	0.073	<0.02
	62	楚雄	0.061	<0.02
	51	永仁	0.046	<0.02
	186	永善	0.136	<0.02
	167	双柏	0.073	<0.02
	114	会泽	0.136	<0.02
	164	大姚	0.135	<0.02
	165	姚安	0.126	<0.02
	103	宾川	0.112	<0.02
	12	永胜	0.140	<0.02
	130	寻甸	0.177	<0.02
非病区	30	富宁	1.526	<0.01
	53	屏边	1.753	0.06～0.09
	119	金平	0.668	0.06～0.09
	124	陇川	0.88	0.03～0.05
	69	元阳	1.046	0.06～0.09
	59	绿春	0.554	0.03～0.05
	85	墨江	0.56	0.03～0.05
	90	临沧	0．94	0.03～0.05
	76	勐海	0.5 4	0.03～0.05
	83	蒙自	0.643	0.06～0.09
	126	孟连	0.781	0.03～0.05
	35	镇康	0.646	0.03～0.05
	80	耿马	0.643	0.03～0.05
	125	潞西	0.837	0.03～0.05

（五）地球化学找矿

土壤环境背景值研究过程中，当发现某一区域某一种或几种元素背景值异常高时，这对该种元素的找矿就有一定的指示作用。我国有学者曾对江西省发育在花岗岩母质上的红壤、风化壳中的28种元素的土壤背景值和异常值进行研究，探讨了利用背景值异常进行找矿的可能性，通过对背景区和异常区土壤中元素地球化学特征分析研究，明确了对找矿有指示作用的土壤地球化学标志，这是对已有的众多找矿标志的重要补充。

除此以外，土壤元素背景值及其分区还可为区域环境质量评价、土壤环境容量开发、工农业布局、国土整治等方面提供重要依据。

第二节　土壤重金属元素环境容量

土壤环境容量是指遵循土壤环境质量标准，既保证农产品产量和质量，同时也不造成周边环境污染时，土壤所能容纳污染物的最大负荷量。还有另一种表述，即在不使土壤生态系统功能和结构受到损害的条件下土壤中所承纳污染物的最大量。对土壤环境容量问题进行研究，是土壤环境保护的一项基础工作。

一、土壤环境容量的概念

在20世纪60年代前后，因环境污染造成的“八大公害事件”引起世界各国对环境问题的关注，并在环境管理与控制工作中提出对污染总量进行控制以代替单纯的浓度控制。环境容量的概念最早由日本学者提出，最初来源于类比电工学中的电容量，环境容量首次作为一个科学概念而被引入土壤学是在20世纪70年代后期，根据总量控制的原理与方法，不同土壤其环境容量是不同的，同一土壤对不同污染物的容量也是不同的，这涉及土壤的净化能力。土壤环境容量最大允许极限值减去背景值（或本底值），得到的是土壤环境的静容量；考虑土壤环境的自净作用与缓冲性能（土壤污染物输入输出过程及累积作用等），即土壤环境的静容量加上这部分土壤的净化量，称为土壤的全部环境容量或土壤的动容量。

计算土壤环境容量的方法有多种，最简单的是重金属物质平衡模型：

$Q_{总}=M\cdot S(R-B)$

式中　$Q_{总}$——某污染区域土壤环境总容量；

R——某污染物的土壤评价标准，即造成作物生育障碍或作物籽实残毒富集达到食品卫生标准时的某污染物浓度；

M——耕层土壤质量；

S——区域面积；

B——某污染物土壤背景值。

土壤环境容量是环境容量定义的延伸，一般把土壤环境单元所允许承纳污染物的最大数量称为土壤环境容量。土壤之所以对各种污染物有一定的容纳能力，与土壤本身具有一定的净化功能有关。

在一系列水环境容量与大气环境容量调查的基础上，从20世纪70年代开始，我国科学家在土壤环境容量方面做了大量研究。尤其在第六和第七个五年计划期间，土壤环境容量被列为国家级科技攻关项目得到了系统研究，研究内容包括污染物在土壤或土壤–植物系统中的生态效应与环境影响，主要污染物的临界含量，污染物在环境中的迁移、转化及净化以及土壤环境容量的区域分异规律等。

20世纪80年代以来，世界上主要进行了两类土壤环境容量研究。一类主要是研究土壤与植物之间的相互作用以及污染物在土壤生态系统中的渗透及吸附规律，例如，根据土壤的化学性质及重金属与土壤之间的相互作用机制，计算出了土壤中重金属的化学容量与渗透压。另一类是一些土壤环境容量的应用性研究，例如，根据土地处理系统净化污水中污染物的能力，澳大利亚人计算出了对照小区每时间单元的污染物负荷与灌溉数量，另一个例子是美国人提议的关于磷与氮的土壤环境容量及其数学模型。

目前，土壤环境容量已被认为是环境科学中的一个基本术语。广义上讲，它包括时间与空间在内的每个环境单元的污染物最大负荷量。根据这个定义，土壤容量及其特有的定量指标与作用有以下四方面：①不能毁坏土壤生态系统的正常结构与作用；②保证土壤能获得持续稳定和高的产量；③农产品质量应符合国家食品卫生标准；④不会对地表水和地下水及其他环境系统产生二次污染。

二、对土壤环境容量的新认识

（一）污染物的总量与有效形式

污染物的生态效应，诸如重金属在土壤中的生态环境效应，不仅依赖污染物的总量，而且更明显地与污染物的有效态浓度有关，因为污染物的可利用部分有着强烈的生化活力，并且对各种指标都起着关键作用。例如，在沈阳的张士污灌区中镉的含量已达到了3～6mg/kg，已远远超过了国家食品卫生标准对镉在水稻中规定的含量，然而，在辽宁的铁岭—柴河污水灌区，由于含锌的尾矿处理排放废水而导致污染的土壤中镉的浓度达25～30mg/kg。这个浓度值是前一个例子的20倍，这时水稻中镉的浓度达到了国家食品卫生标准，如果有效形式都被利用，当水稻中镉达到食品标准时，这两个地区土壤中镉的有效浓度是接近的。这一点表明在有效形式之间有相同的剂量关系，很显然有效形式能够解释污染物生态环境效应的机制。这种以有效态浓度为基础的定量影响关系比以总量为基础的定量影响关系好得多。毋庸置疑，在土壤环境容量研究过程中，有效形态将逐步代替总量浓度。

（二）短期观察与长期影响

在对土壤环境容量进行研究时，土壤阈值浓度的测定，主要以土壤中污染物的生态环境效应为基础的。然而，短期内许多科学问题得不到解决的原因是由于许多生态效应是长期的。例如污染物淋溶过程，即污染物从土壤到地下水的迁移是一个非常缓慢的过程，尤其在土壤质地黏重和土层深厚的地区。对我们来说进行长期的土壤环境容量的研究是很必要的，换句话说，土壤环境容量应该根据长期研究结果进行修订。

（三）单一污染物与复合污染物

一般来说，土壤生态环境效应是多种污染物的复合污染交互作用的结果，而不是单一污染物作用的结果。因此，建立在单一污染物测定基础上的土壤环境容量是不恰当的。然而，从目前的情况来看，一些污染物土壤环境容量的得出仅仅是以单个因素为基础的，只有少数的研究集中在复合污染上，很显然，土壤环境容量今后工作的重点应是研究制定多种污染物复合污染条件下的土壤环境容量。

三、土壤环境容量研究的程序与方法

不仅在理论上，而且在实践中，科学合理的程序与方法都是成功研究土壤环境容量的一个重要前提。土壤环境容量的研究程序见图2–1。

四、土壤环境容量的影响因素

由于土壤本身是一个复杂的开放系统，土壤环境容量必然受着多种因素的影响，主要的影响因素包括土壤性质、污染历程、环境条件、土壤环境质量标准与临界含量、重金属类型等。

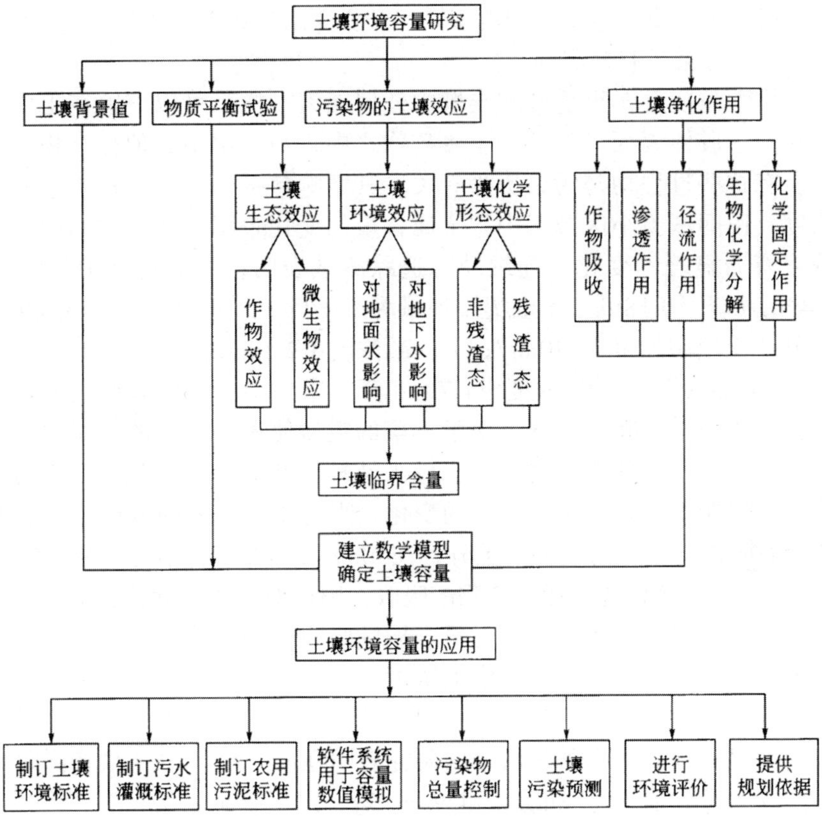

图2–1　土壤环境容量研究程序

（一）土壤性质的影响

土壤是一个十分复杂、不均匀的体系，不同类型土壤对环境容量的影响是显而易见的，即使是同一母质发育的不同地区的同一类土壤，它们的性质差异并不很大，但对重金属的土壤化学行为的影响和生物效应却有着显著差异。对均由下蜀黄土发育的3种黄棕壤所进行的重金属土壤化学行为的研究表明，土壤性质对重金属形态、微生物、植物产量等均有显著的影响：①对重金属形态的影响，3种土壤在污染物Cd浓度相同的情况下，其交换态、有机结合态被视为有效态或“潜在有效态”，3种土壤所含这两种形态的百分比不同；②对微生物的影响，土壤性质的差异会引起重金属对盆栽水稻土壤的硝化活性、土壤微生物的生物量和土壤酶活性的差异，例如Cu（添加100mg/kg）对盆栽土壤中硝化活性抑制率的影响与对照相比，在3种黄棕壤中分别为109%、42%和57%。

由此不难看出，来自不同地区、同一母质发育的黄棕壤，由于性质方面的某些差异，重金属的土壤临界含量将会发生变化。因此，在土壤环境容量的研究中既要注意土壤的典型性，又要注意其代表性。

（二）污染历程的影响

从化学角度看，重金属和土壤中任何元素一样，可以溶解在土壤溶液中，吸附于胶体表面，闭蓄于土壤矿物之中，与土壤中其他化合物产生沉淀，所有这些过程均与污染历程有关，其影响包括如下几项；①平衡时间与浓度。田间试验小区排水中重金属含量的变化表明，随着时间的推移，其浓度有着显著的变化，连续动态追踪测试表明，田间排水中的Cd浓度从4.49μg/L降至0.18μg/L（土壤添加量为3mg/kg），Pb浓度从175μg/L降至1.6μg/L（土壤添加量为240mg/kg），As浓度由2.8μg/L降至0.9μg/L（土壤添加量为30mg/kg），而Cu浓度由1.7μg/L降至未检出（土壤添加量为150mg/kg），因此随着时间的推移，由于土壤的吸持使得排水中的金属浓度越来越小，其对生物的危害相对来说也越来越轻。②形态的变化。污染历程的影响亦表现在土壤中重金属形态的变化。吸附态As随着时间的推移有减少趋势，而闭蓄态As却有明显的上升，在30d的渍水平衡过程中，由6.4%上升到33%。形态的变化势必影响植物的吸收，因而对土壤临界值具有明显的影响。③污染物累积过程。植物对重金属的吸收在一定浓度范围内有随着浓度增加而上升的趋势，超过一定的浓度时，由于根受害而降低元素的吸收能力，从而使得吸收量下降，因而单纯从籽实含量来判断土壤污染状况，有可能失误。例如，水稻砷污染的研究表明在两个糙米As含量相同时，土壤中As的含量分别约为88mg/kg和290mg/kg，这一结果表明，随着污染过程的延续，污染浓度的累积会使生物性状产生变化，从而影响了籽实中As的浓度与土壤中As浓度的对应关系。

（三）环境条件的影响

污染物的生态环境效应受环境条件的影响很大。①湿度。对植物吸收重金属机理的研究表明，植物对一些重金属的吸收为被动吸收，因而当环境湿度变化时，势必影响水分的蒸腾作用，从而影响了植物对重金属的吸收。②温度与栽培季节。中稻对Cd的吸收明显高于双季稻，当土壤污染Cd含量为10mg/kg时，双季稻糙米Cd含量约为0.5mg/kg，而中稻可达2.3mg/kg。栽培季节不同，对糙米As含量亦有明显的影响，在土壤污染As浓度为40mg/kg时，早稻（成熟期月均温27.8℃～28℃）、中稻（成熟期月均温16.9℃～22.7℃）、晚稻（成熟期月均温10.5℃～16.9℃）糙米中的As含量分别为0.67mg/kg、0.43mg/kg和0.32mg/kg，这表明随着温度的降低，As吸收量明显下降。③pH值和Eh值。一般说来，随着pH值的升高，土壤对重金属阳离子的固定增强。例如，下蜀黄棕壤对Pb吸附的实验表明，随着pH值的上升，土壤对Pb的吸附能力明显增加。As为变价元素，随着渍水时间延长，pH值上升而Eh值下降，从而使水溶性As在一定时间内明显上升，所有这些变化最终都影响到土壤环境容量。

（四）土壤环境质量标准与临界含量的影响

由土壤环境容量的定义和模型不难看出，土壤污染物的静容量主要受污染物土壤质量标准和背景值影响，在背景值一定的条件下，土壤污染物质量标准值或临界含量值的大小与土壤环境容量值的大小成正相关。在土壤环境容量的制定中，总是从某一特定的目标出发，选用特定的参照物作为指示物，由于指示物不同，所得的土壤容量可能发生较大的变化。①稻麦之间的差异。以下蜀土为例，在土壤中添加相同浓度的重金属时，糙米和麦粒中重金属的含量显然不同，对Cu和Pb来说，麦粒中含量>糙米中含量。而As和Cd与此相反，因而若以糙米和麦粒含量来确定临界值量，必然会产生容量上的差异。②微生物类型的差异。重金属及其他污染物对不同类型微生物的影响有差异，例如土壤中添加Cd在0.5～100mg/kg时，对真菌有极显著的抑制作用，而对放线菌无抑制作用。

（五）重金属类型的影响

化合物类型对土壤环境容量有着明显的影响，这主要是由于不同化合物类型的污染物进入土壤，在土壤中迁移、转化行为及对作物产量和品质的影响不同，最终影响到污染物标准值和临界含量的不同。例如$CdCl_2$和$CdSO_4$在一定浓度范围内使水稻的平均减产率分别为3%和7.8%。不同Pb化合物对水稻产量和果实中吸收量有明显的影响，这显然是由阴离子的作用所致。此外，复合污染对土壤环境容量的变化有明显的影响。

五、土壤环境容量的应用

（一）预测土壤重金属污染状况

预测污灌一定年限后土壤某种重金属元素的含量状况与污染水平，对污灌区来讲是非常必要的，这可为污灌区土壤污染防治、污灌区环境管理与污水合理利用提供决策依据。土壤重金属环境容量数学模型的建立，为进一步预测土壤重金属污染状况创造了条件。由土壤环境容量数学模型可以看出，重金属在土壤作物系统中的循环与平衡决定着土壤的环境动态容量，土壤环境容量由固有项、输入项和输出项三部分决定，即土壤环境背景值为固有项，污水灌溉、大气降尘、肥料施用为输入项，作物吸收带走、土壤淋溶渗透和地表径流为输出项。在一定区域一定时间内，重金属污染物的输出和输入的差值就等于限定耕层中重金属的净累积量，假定每年的输入、输出的数量基本不变，即可计算出一定年限后土壤重金属的含量状况。

土壤–作物系统是个动态的开放系统，既有重金属的输入，又有重金属的输出，由于进入土壤中的重金属很难被降解净化，随着污灌年限的增长，土壤重金属污染也日益严重。考虑到重金属污染潜在危害大、恢复治理难的特点，在确定重金属最大允许限值时从严要求，汞、铅采用山西省农田土壤环境质量标准相应的限值，分别为0.25mg/kg和56mg/kg，镉采用国家标准（0.6mg/kg），利用土壤环境容量模型，可计算出不同区域的最大污灌年限。

（二）制定区域农灌水质标准

为了控制污水灌溉对农田土壤的污染，我国于1979年颁布了《农田灌溉水质标准（试行）》，该标准在1992年进行修订（GB 5084—1992），现行标准为GB 5084—2005。标准的实施对控制污灌对环境的污染起了积极的作用，但由于我国幅员辽阔，自然环境条件复杂多变、土壤性质各异，因此同一浓度的污染物在不同区域表现出的毒性程度、迁移、转化与净化等特性都不尽相同，全国执行一个统一的标准难以控制全国不同类型的污水灌区，易出现浪费土壤容量资源或土壤被污染破坏的被动局面。土壤重金属环境容量参数的获得，可利用下式很方便地计算出具体某一地区的农田灌溉水质标准，从而真正达到因地制宜的目的。

$$C_i = \frac{Q - R - F}{Q_w}$$

式中 Q——土壤某元素的变动容量，g/(hm^2·a)；

R——干湿降尘输入某元素的量，g/(hm^2·a)；

F——施肥输入某元素的量，g/(hm^2·a)；

Q_w——污灌水量，m^3/(hm^2·a)。

（三）进行污水利用区划

污水灌溉既是污水处理的重要形式，也是缓解工农业用水紧张矛盾、增加农业产量的有效途径，对污灌区污水利用进行区划的目的在于既要最大限度利用城市污水资源，又要保证灌区环境质量不受到污染破坏，最终实现水土资源的持续利用和经济与环境的协调发展。污灌区土壤重金属环境容量参数的获得为污水利用区划提供了有效的科学依据。

第三节　土壤环境质量与重金属污染判别

一、制定土壤环境标准方案的依据和原则

制定土壤环境标准的主要依据有3个方面：土壤环境质量的功能分区与标准分级；土壤中元素含量分布特征等背景值资料；不同元素的浓度–生态效应。

按照我国土壤环境质量的实际情况，土壤的功能区分为以下四类。

一类区：自然保护区和生活饮用水源保护区，其特点是土壤基本不受人为污染影响，各项功能正常，它保持了元素自然地球化学长期运动的自然概况和对照区水平。

二类区：农牧业区，包括旱田、水旱轮作田和水田、草原等，它直接涉及了各种重要的食物链，因而对人体健康意义重大。

三类区：包括林地、疏林地及木林地等天然或人工林地，基本不涉及食物链，但对环境可产生一定的影响。

四类区：废弃物和污水土地处理区、城镇与工矿用地和运动场地已是污染区，控制有害物质浓度只是为了防止污染进一步扩大。

根据国内外现有的研究资料，以及大气、水环境质量标准的制定经验，土壤环境质量标准不应定成一个单一的限制值，而应是一个相应于不同环境功能区的多级体系，建议将土壤环境质量基准的水平分为四级，其相应的含义以及在管理上的应用可见表2–6。

表2–6　土壤环境质量基准水平分级

级别	水平	名称	生态影响	管理上应用	执行功能区
第一级	理想水平	背景值	一切正常	土壤是否污染的判据	一类区
第二级	可接受水平	基准值	基本无影响	应引起重视，跟踪监测，限制排污，防止进一步恶化	二类区
第三级	可忍受水平	警戒值	开始产生影响		三类区
第四级	超标水平	临界值	影响较重到严重	应采取防治措施	四类区

二、对我国土壤汞、镉、铅、砷环境标准的建议方案

第一级　背景值——理想水平：可以全国土壤背景值中位数代表一级含

量，考虑到便于计算，应该有一个范围，暂以GM.GD代表。

汞的土壤一级标准：建议为0.1mg/kg。

镉的土壤一级标准：建议为0.15mg/kg。

铅的土壤一级标准：建议为30mg/kg。

砷的土壤一级标准：建议为10 ~ 15mg/kg。

第二级　基准值——可接受水平：本级主要用于宏观控制污染与否的界限，订立后用于监测农牧用地的基准值，与人体健康关系最为密切。

制定方法：以全国土壤背景值GM.GD计算而得，因砷毒性较大，全国土壤砷的基准值以GM.GD计算。

汞的土壤二级标准：建议为0.2mg/kg。

镉的土壤二级标准：建议为0.3mg/kg。

铅的土壤二级标准：建议为60mg/kg。

砷的土壤二级标准：建议为20mg/kg。

从全国土壤背景值均值、分布范围、标准差等计算在95%范围值，得出污染起始界限。二级标准值仅是一个宏观控制用的区域性基准值，适用于全国大环境的对比。但由于我国幅员辽阔，土壤类型、母质类型复杂，二级标准值不宜作为某一特定土壤的基准值，如以单一值作为所有土壤的污染判据，显然会产生很多弊端。最理想的办法是利用对土壤背景值影响因素的深入研究所获得的背景土壤样品的土壤基本性质和金属元素之间存在固有的平衡关系，建立数学模式，用以确定区域环境的基准值，这比笼统的X+25或GM.GD所确定的基准值要准确可靠得多。

例如，对黄土区64个剖面表层及母质砷含量进行测定，得出95%以上表层土壤样品含砷量为8.22 ~ 17.15mg/kg。因此对黄土区土壤中砷的区域环境标准值定为17mg/kg。

由于砂壤对砷的吸附能力弱，含量一高即会造成对环境的污染，因此对砂壤土砷的环境标准应该为13mg/kg，小于区域标准17mg/kg，以保护砂壤区和轻壤区免受砷的危害。

第三级　警戒值——可忍受水平：从这级开始，对土壤生态环境产生影响，选择最低影响浓度作为警戒值。

土壤汞：0.5mg/kg是细菌的临界抑制浓度（草甸褐土、旱地小麦），也是土壤酶的临界含量（草甸棕壤、水稻、大豆）。

土壤铅：50 ~ 100mg/kg能使土壤微生物数量及活性受到抑制，草甸棕壤中铅对土壤酶的临界含量大豆为50mg/kg，水稻为500mg/kg，土壤铅大于100mg/kg，叶菜铅超标。当土壤铅>100mg/kg时，儿童血铅<15μg/100mL，相当于我国儿童血铅允许水平。

沈阳张士灌区田间调查，草甸棕壤上种大豆，籽实含镉与土壤镉关系为Y=0.788+2.604X，R=0.8833（P=0.01），当大豆籽实含镉0.2mg/kg时，土壤含镉1.3mg/kg。土壤砷对草甸棕壤上土壤酶的临界含量，种植水稻为10mg/kg，种大豆为60mg/kg，草甸褐土种水稻为27mg/kg，盆栽水稻减产10%时土壤砷浓度为20～40mg/kg，大豆籽实含量超出食品卫生标准时的土壤砷含量约为37mg/kg。因此建议如下。

汞的土壤三级标准：建议为0.5mg/kg。

镉的土壤三级标准：建议为0.5mg/kg。

铅的土壤三级标准：建议为100mg/kg。

砷的土壤三级标准：建议为27mg/kg。

第四级　超标水平——临界值：此值已对生态系统产生严重影响，土壤含量处于临界值，为环境标准的上限，与所谓最大允许浓度、界限值相等，只适用于土地处理、污水污泥处置区或城镇工矿交通用地。

制定方法：取自高背景矿区的高背景值，原生环境中元素含量的上限，超过此值即意味着来自人为化学污染。

第三章

土壤重金属污染的植物修复技术

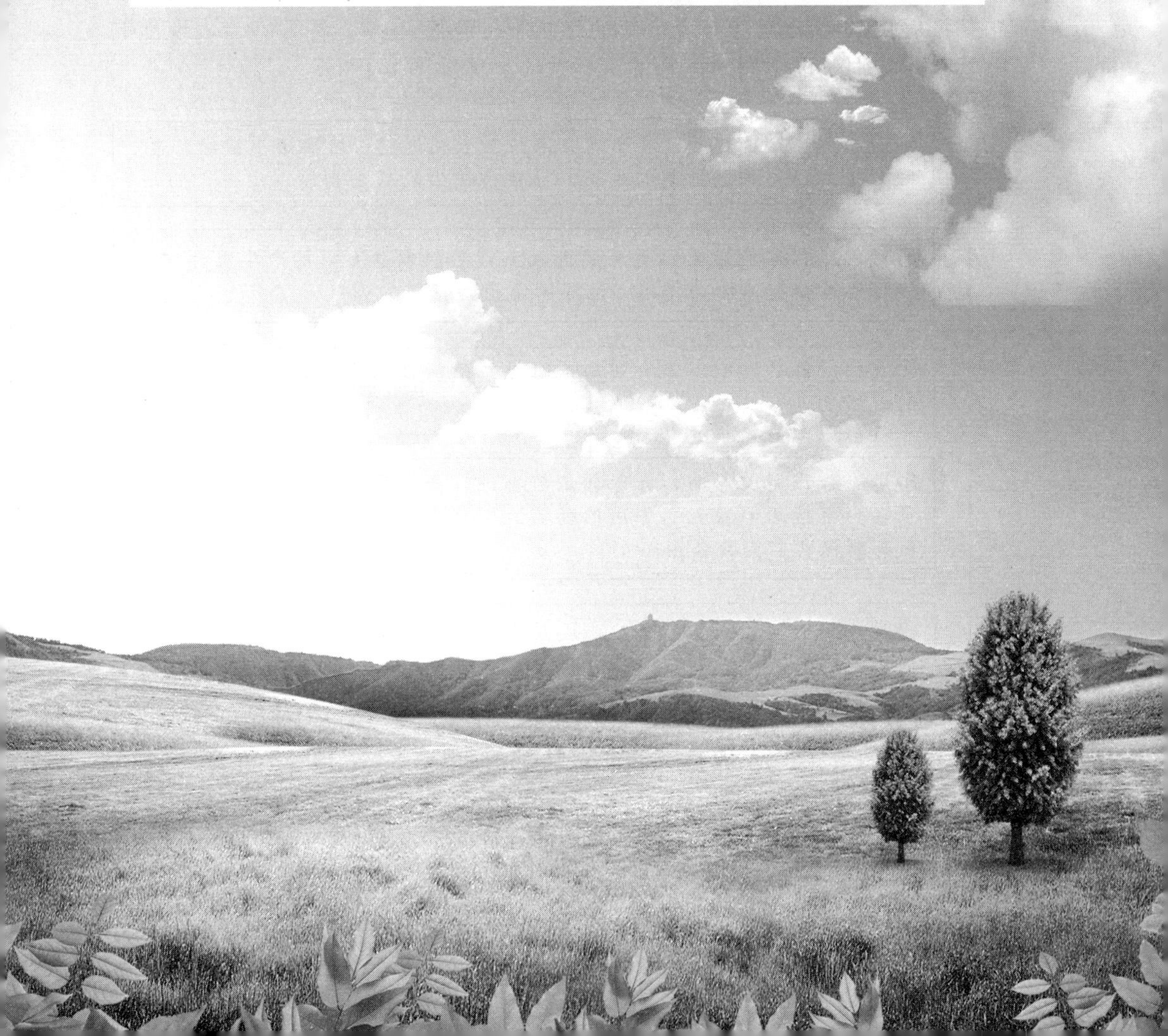

随着人类社会的进步、工业技术的发展，环境污染逐渐加强，由于土壤污染的隐蔽性强、持续时间长、污染范围广，一旦污染不好治疗，得到人们的广泛关注。土壤重金属污染在植物体内累积过多，会对植物的生长有影响，使植物生长紊乱，影响植物的发育，严重的就会导致植物的死亡。植物在整个生态系统中起着重要的作用，一旦植物受到损害，生态系统就会遭到破坏。本章主要介绍了土壤重金属对植物的毒性效应、植物修复的原理、植物修复土壤的实际案例。

第一节　重金属对植物的毒性效应

重金属对植物的毒害并不是仅仅破坏某一个单一的器官，而是对植物细胞膜结构和非细胞膜结构、生化反应和生理活动的整体伤害，只是由于植物细胞内的各细胞器对重金属的忍耐程度存在差异，各细胞器表现出的症状有些差别。重金属对植物的毒性效应具体如图3-1所示。

①对植物生长的影响。其影响表现与于生长迟缓，植株矮小褪绿，生长量下降；可抑制细胞的生长，导致植株生长受到抑制

②对矿质营养的影响。重金属进入土壤后除本身有可能产生毒性外，还可通过拮抗或协同作用，造成木本植物营养失调

③对酶活性的影响。重金属胁迫可导致酶活性的失活、变性甚至是酶的破坏

④对光合作用的影响。叶绿体是植物进行光合作用的主要因素，其含量多少直接影响着光合作用的强弱。中重金属一旦进入植物内，其胁迫抑制植物的光合作用

⑤对植物的遗传损伤与影响。受重金属污染的植物，体内细胞核、核仁严重遭到破坏，染色体发生畸变，影响了细胞中的DNA和染色体的合成和复制，核酸代谢失调，重金属可以影响DNA和RNA的含量

图3-1　重金属对植物的毒性效应

第二节　植物修复的概念与特点

植物修复技术是近几年来研究实践最多的一类修复技术，由于在被污染的植物中研究与发现，为后来植物修复技术的应用创造了条件。

一、概念

植物修复是指通过植物使受污染的污染物进行移除、分解、围堵的过程；植物修复的对象包括金属、放射性物质、无机物、水体等；研究发现，植物修复的过程就是根据植物的吸收、根滤、降解等作用，可以净化土壤或者水体，最终起到净化环境的作用。

二、植物修复的特点

事物都有两面性，植物修复技术也有优点和缺点，具体如图3-2和图3-3所示。

①利用修复植物的提取、降解等作用可以永久性地解决土壤污染问题

②植物修复对环境扰动小，且有稳定地表作用，可防止污染土壤因风蚀或水土流失而带来的污染扩散问题；此外，植物还可以美化环境

③清理土壤中重金属污染物的同时，可以清除周围的污染物；修复植物的蒸腾作用可以防止土壤污染物对地下水的二次污染

④植物修复的过程中，一般土壤有机质含量和土壤肥力都会增加，修复后的土壤适合于农作物种植，便于后续利用

⑤植物收集后可以进行集中处理，不会造成二次污染，同时还可回收植物体内的重金属，从而也能创造一些经济价值

图3-2　植物修复的优点

①植物吸取重金属单一，对于浓度较高的重金属无法分解，甚至会被重金属所干扰，从而限制了植物修复技术在多种重金属污染土壤治理方面的应用前景

②植物对人为和自然具有一定的条件要求，多数植物具有光周期反应，在世界范围内引种修复植物可能比较困难；对植物有效性缺乏筛选，对已筛选的植物的生活习性了解很少

③用于清理重金属污染土壤的超积累植物通常矮小、生物量低、生长缓慢，生长周期长，因而修复效率低，不易于机械化作业

④用于修复重金属的植物器官往往会通过腐烂、落叶等途径使重金属污染物重返土壤，因此，必须在植物落叶前收割并处理植物器官

⑤植物修复的周期相对较长，因此不利的气候或不良的土壤环境都会间接影响修复效果

图3–3　植物修复的缺点

第三节　植物修复的原理与方法

在重金属污染土壤植物修复中，常用的植物修复类型主要有植物萃取、植物固定、植物挥发和植物代谢等，下面主要分述各类型的原理和方法。

一、植物萃取原理与方法

植物萃取的原理主要是运用重金属超富集植物对重金属的超强吸收、转运和富集能力，将土壤中的重金属转移到植物地上部，通过收割地上部后使土壤中重金属含量降低，植物收获物再进行必要的后期处理。

（一）超富集植物简述

植物萃取成败的关键是找到合适的重金属超富集植物。超富集植物的术语最早在有关科学知识的杂志文章中发现，描述的是一种大量富集金属的植物。该文章得到了广大专业人员的注意，随后一些专业人员对镍金

属超富集植物提出了一定的评价标准：在植物叶片组织中发现含有一定量的镍金属元素超标。紧接着并给其一个精确的定义：在自然界生长的植物中，至少有一个样本植物其内在组织镍元素的含量>1 000mg/kg。

根据这个定义，做了实验研究表明，超富集植物的标准不只是局限于植物的根系或者整个植株的金属含量确定，还有一个原因就是对于土壤的重金属污染很难确保。与其他实验相比较，最使人感兴趣的就是主动富集金属到地上部各组织中的研究。

这定义在一定程度上详细澄清很多问题。例如，在一些植物样本中一些是高于1 000mg/kg；另一些部分是小于1 000mg/kg。又如在人为的条件下，一些植物也可以吸收大量的重金属。对于真正的超富集植物，在非抑制生长的环境，其地上部金属含量超过规定的浓度阈值是非常重要的。可见，他们很重视“自然生长地”和“植物健康生长”这两个重要环节。

在超富集植物中，除了考虑以上要求特征外，还要靠考虑富集系数和转运系数，这两个系数均大于1并且地上部As含量达到1 000mg/kg的植物，才是重金属超富集植物。

最先开始为富集植物定义是从镍金属开始的，后来，随着修复技术的发展，在其他金属的超富集特征阈值上也出现了，这些阈值基本上是正常非超富集植物地上部相应金属含量的百倍以上。截至目前，全世界共报道了50O余种分属101科的超富集植物，包括菊科、十字花科、石竹科、水青冈科、刺等。

（二）植物超富集重金属的机理

（1）根对重金属的强吸收和从根到茎叶的快速转运。超富集植物发现后，人们围绕其超富集机理进行了大量研究。

研究表明，根对砷的强吸收、有效的砷从根向地上部转运以及通过体内解毒形成的砷耐性是蜈蚣草超富集砷的主要机制。累积砷吸收曲线虽然两种植物在最初的7h都是线性的，但蜈蚣草的斜率更大，砷吸收速率是澳洲凤尾蕨的2.2倍，如图3-4和图3-5所示。

（2）较强的抗氧化能力。重金属超富集植物往往比非超富集植物具有较高的抗氧化能力。比较研究了镉胁迫下镉超富集植物龙葵和非超富集植物水茄的生理反应，发现与非超富集植物相比，在使用溶液中培养24h后，龙葵根或叶的超氧化物歧化酶（SOD）、过氧化氢酶（CAT）、抗坏血酸过氧化物酶（APX）和谷胱甘肽还原酶（GR）的活性均较高，但过氧化物酶（POD）有所降低，如图3-6所示。

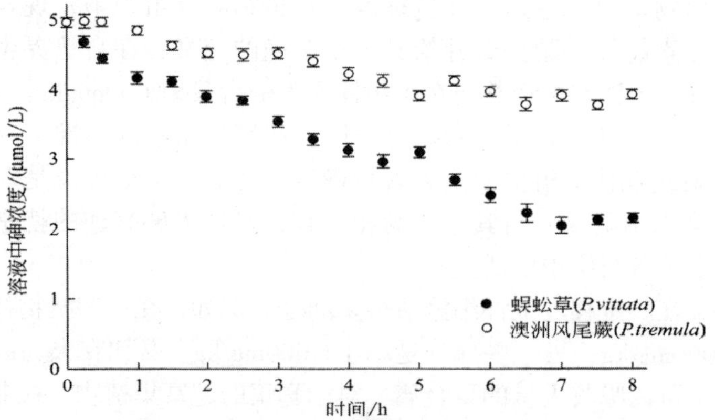

图3-4　蜈蚣草和凤尾蕨衰减曲线实验图

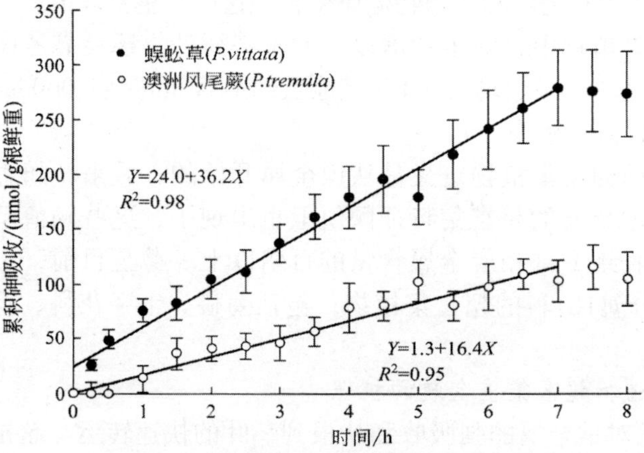

图3-5　蜈蚣草和凤尾蕨累积吸收图

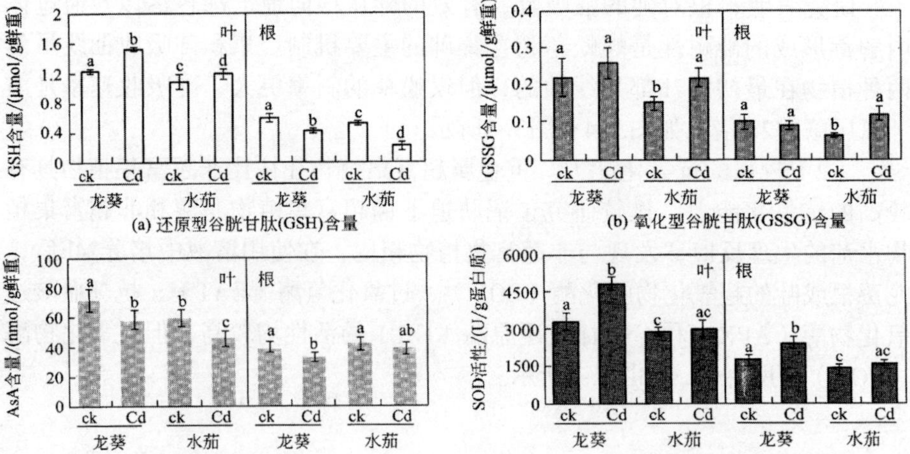

(a) 还原型谷胱甘肽(GSH)含量

(b) 氧化型谷胱甘肽(GSSG)含量

(c) 抗坏血酸(AsA)含量

(d) 超氧化物歧化酶(SOD)活性

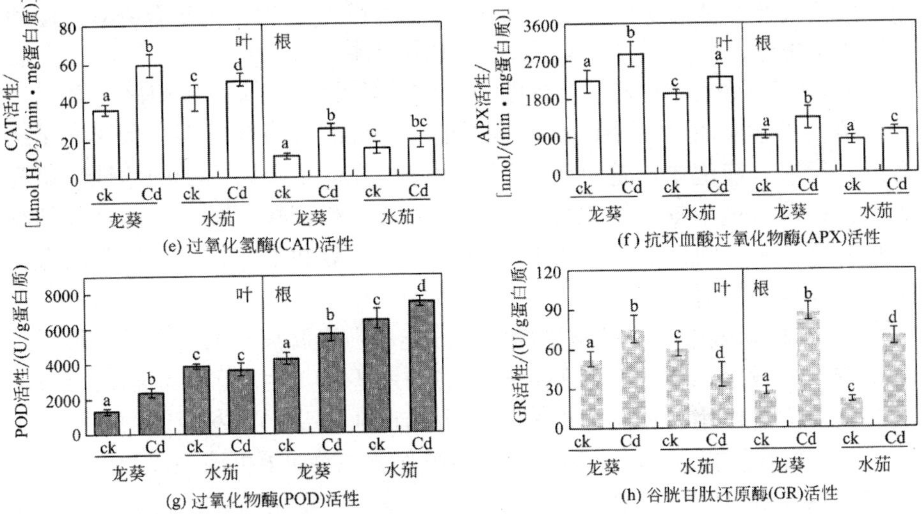

图3-6 抗氧化物和抗氧化酶活性图

（3）植物螯合素的生成。在实践中发现，生物体内有两种小分子蛋白质——金属硫蛋白和植物螯合素，可以和重金属螯相结合，起到解毒的作用。实践中，在马肾脏内质中发现半胱氨酸的蛋白质，这个小分子在动物和一些真菌中存活，在植物中很难检测到。活性氧自由基除导致上述酶抗过氧化物生成外，还会产生一类小分子量非酶抗过氧化物，如谷胱甘肽和抗坏血酸盐等。谷胱甘肽正是PC合成的前体物质，PCs就是在二肽转肽酶（即PCs合成酶）的作用下，通过谷胱甘肽生成。

一般认为，PCs的合成是植物耐As的一个主要机制。对来自金属和非金属矿区两种植物的不同种群研究表明，经As处理后，均能诱导PCs的生成，这种诱导作用能被PCs合成酶抑制剂所抑制，从而造成对As的高敏感。但是，与非矿区植物相比，矿区植物诱导所形成的PCs更长、更多，可能是由于对砷酸盐富集的时间格局不同造成的。

究竟As胁迫下As超富集植物体内是否有PCs生成，对蜈蚣草做了实验，使其从小叶中分离到一个巯基，经电喷雾电离质谱进行特征分析，发现该砷诱导的巯基是带两个亚单位的PC，即PC_2。在蜈蚣草富集中，发现了它们的合成可能只是为了解毒机制，随后分离的巯基证实了只有As胁迫下才生成，其浓度与小叶As浓度存在明显的正相关。

值得注意的是，叶轴中该巯基浓度低，而在根中检测不到，并且其他金属元素不能诱导该巯基的合成，表明其是砷胁迫下的特异产物；进一步用离子交换色谱-氢原子发生-原子荧光光谱和尺寸排阻色谱-氢原子发生-原子荧光光谱的研究表明，这可能是一种砷复合物，但其在不同pH值下稳定和电荷状态等色谱特征显示，即不是$As^{É}$-PC_2复合物。该复合物对温度和金属离子敏感，在pH值为5.9的缓冲液中呈中性。

（4）有机酸的生成。有机酸与植物体内重金属的运输和储存有关，其与植物重金属耐性关系已有很多报道。有机酸与潜在的毒性金属离子结合后，运输至液泡中，这种细胞区室化作用降低了金属离子的活性。研究表明，在砷胁迫下蜈蚣草根分泌物主要为植酸和草酸，虽然非超富集植物中也有这两种有机酸生成，但蜈蚣草分泌的植酸和草酸含量分别为后者的0.46~1.06倍和3~5倍。

（5）根际微生态。超富集植物根际能增强金属离子的可溶性，形成了一个特殊的微生态环境。此外，植物的根系还和共生真菌对植物的养分输送起到一定的作用。还是研究蜈蚣草根系特征的变化，发现土壤溶液中可溶性的有机物质提高了将近90%，在植物竞争中增加了可溶性以及砷从非有效态库中的解吸，所以就维持了蜈蚣草根系在土壤溶液中的砷的浓度。他们的实验表明，尽管蜈蚣草能大量富集砷，但第一轮收割后，根际土壤溶液的砷浓度并未明显减少。然而，可变砷在总土和根际土中的差异说明砷主要通过非有效态库获得。显然，蜈蚣草根际对非有效态砷有一个不断活化的过程，如图3-7所示。

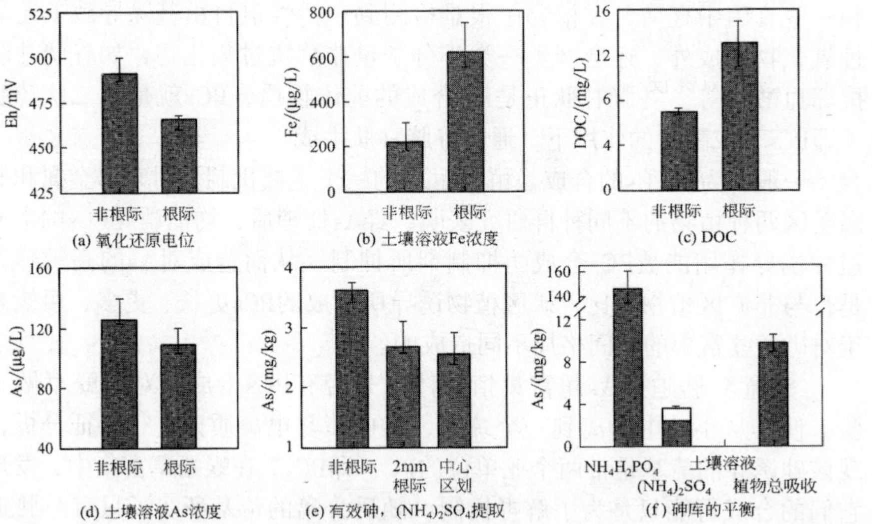

图3-7 蜈蚣草的根系特点

研究表明，由于根系细菌产生大量的化学物质可促进锌溶液的吸收，因此，在土壤中的水溶性生物有效性，锌浓度显著增加，从而促进了根系对锌的吸收，在实验中，当地上锌浓度增加，锌的总浓度就会增加双倍，如当地上锌浓度增加了2倍，锌的总浓度数就会增加4倍；此外，将耐Pb真菌绿色木霉菌和耐真菌淡紫拟青霉菌的混合液接种在Cd、Pb复合污染时，能较好地促进龙葵根系对Pb和Cd的吸收，如图3-8所示。

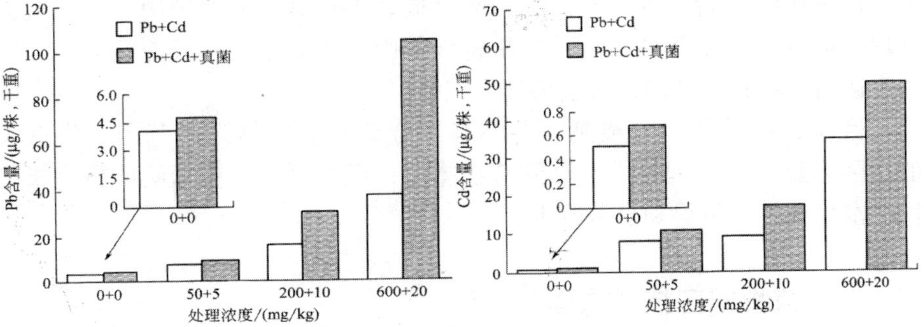

图3-8 真菌对龙葵根系的作用

从砷矿中提取丛枝菌根真菌并接种到蜈蚣草中，发现蜈蚣草对砷的吸收大大增加；又将丛枝菌根真菌接种到含有镍富集的植物中，结果发现植物叶片Ni积累量超过7580mg/株，是非菌根植物的20倍。但是，将三种不同的菌接种在蜈蚣草里，结果发现，对砷的吸收能力没有任何影响。所以，在这次实验中开始总结：对于植物吸收重金属能力强弱和丛枝菌根真菌的差异有关系。

此外，植物内生菌对植物吸收重金属的影响也引起越来越多的关注。将4株促生内生菌接种到龙葵根部后，测定了其根、茎和叶中的Cd含量，发现某些内生菌株使植物Cd含量显著增加（见图3-9）。

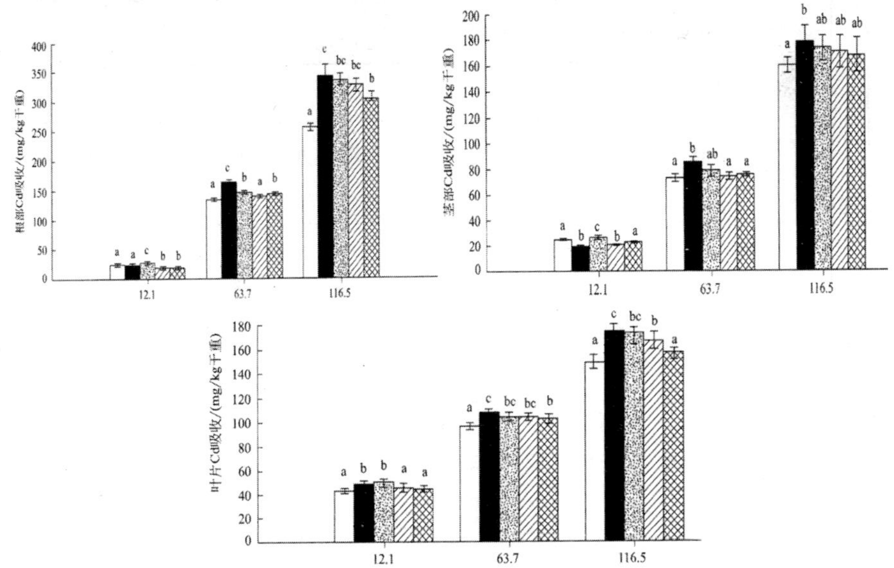

图3-9 接种真菌对植物的影响

（6）植物超富集重金属的分子机理。随着我国在生物领域技术的发展，目前已经有好多关于基因技术增强植物砷耐性和富集特性的报道。将大肠杆菌中编码特定的生物元素与酶合成，再将其转移给拟南芥中，就会发现砷耐性会是中等性强度；如果将该基因与编码中的砷还原酶的基因中共表达后，植物的砷耐性就会表现出很强。

目前，从植物中分离到一些参与重金属吸收的转运子基因。将有关的基因通过基因工程技术转移到植物体后，经基因表达使植物的重金属耐性、富集或者挥发得到显著改善。

二、植物固定技术原理与方法

在土壤受到重金属污染严重时，如果使用植物萃取的方法对土壤进行修复，这种方法不可行，原因有：①土壤既然到达了重度污染，需要对土壤里的重金属除去，需要净化；②植物所吸收重金属副剂量和生物量都是有限的。此外，还有一种现象就是植物对重金属排斥现象，土壤污染就会严重恶化了，在污染土壤上种植对重金属不吸收或吸收少的重金属耐性植物，防止重金属的扩散。

在以上情况下，专业人员提出利用植物的固定技术修复，其中有三个优点，如图3-10所示。

①可以通过植物的固定作用，防止水土流失，减少土壤侵蚀，从而减少重金属在土壤环境中的迁移

②通过分泌特殊的物质，将土壤重金属更多的转化为稳定态，减少其植物有效性

③植物还可以通过分泌特殊物质来改变根基周围的土壤环境，来降低重金属的毒性。例六价铬（Cr^{6+}）具有较高的毒性，而通过转化形成的三价铬（Cr^{3+}）溶解性很低，且基本没有毒性

图3-10 植物固定技术的优点

植物固定技术在实际操作中也不是完美的，也有缺点，具体如图3-11所示。

修复不彻底。植物固定技术虽然减少了重金属向植物中的迁移，但未能够彻底的将重金属从土壤环境中去除，当周围环境条件改变或者人为活动介入时，就可能复发，重新造成进一步的污染

修复种类多。相对于重金属超富集植物，植物同定技术中所需的修复植物种类就更多，它们虽然不能将土壤中的重金属元素去除，但能通过发生化学形态的变化使其在土壤中固定，将植物可吸收态转变成难利用态，从而抑制了植物对重金属的吸收

图3-11　植物固定技术的缺点

植物本身所分泌出的一些物质可以调节土壤的酸碱性。为了证实植物是否可以自发地调节植物的酸碱程度，专业人员做了实验：将有植物生长的土壤和无植物生长的土壤进行对比，结果发现，在有植物生长的土壤中，出现酸碱值有影响，如图3-12所示。

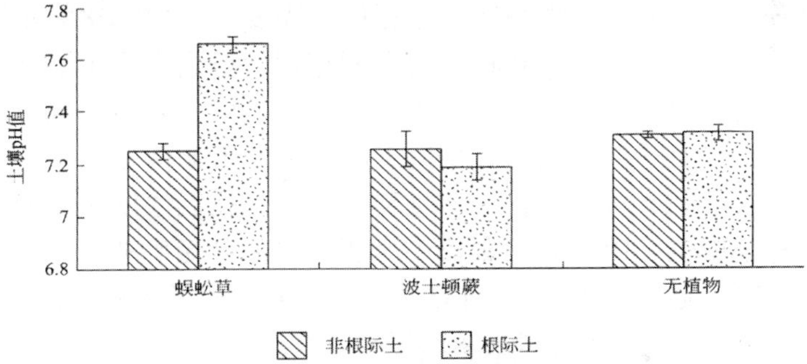

图3-12　有无植物土壤的对比

除重金属耐性植物选择外，为了使土壤中的重金属固定，可以通过向土壤中添加化学或生物钝化剂减少土壤中重金属的生物有效态，一方面减少土壤溶液中重金属向植物根的迁移积累；另一方面将重金属离子固定在土壤中。在铜尾矿土壤中添加绿肥、绿肥+污泥、石灰和磷酸二铵后种植莴苣，发现莴苣中Cu、Fe、Pb、Zn等元素的含量显著降低，如图3-13所示。

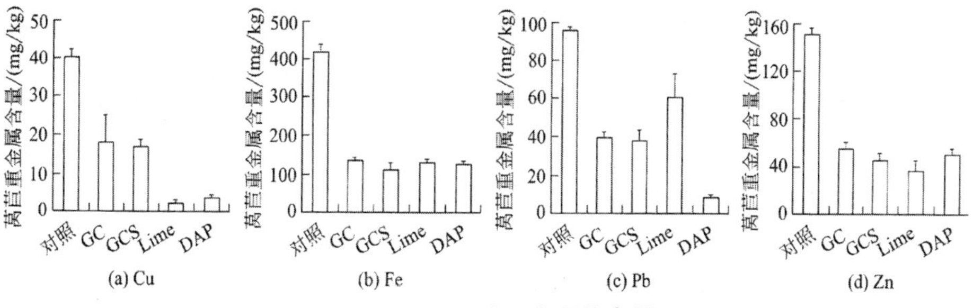

图3-13　植物中重金属的含量

三、植物挥发技术原理与方法

植物的挥发技术针对对象主要是容易挥发的重金属元素和有机物质的修复。植物的光合作用和根系微生物都可以将土壤里的重金属元素吸收、分解，将其转变为可挥发的物质再溢出土壤表面或者大气中，这就是植物挥发的过程，最终达到土壤净化的目的。由于植物挥发技术没能彻底净化污染物，因此此操作受到的争议是最大的，大众都认为挥发只是将一种污染物质转化为另一种状态，挥发到其他地方，从根本上还是都到污染的。对于这种理解是片面的，一些挥发性重金属被富集在植物根系吸收后，在植物的体内就会转化可挥发的低毒性物质散发到其他地方，如大气、土壤表层等。具体对哪些重金属进行挥发，下面将会逐一阐述。

（一）植物挥发技术对砷金属的影响

植物挥发修复对砷金属在转化过程中，需要存在甲基化的作用。其流程：当无机砷进入植物内，在植物内有酶作用下就会产生单甲基砷和二甲基砷。在研究过程中发现只有在无机砷植物生长中，才能发现甲基砷的存在，在陆地上也有一些植物均有甲基砷，如陆地上的菌类可以从无机砷中合成丙烯酸类树脂，可以转化为有机砷化合物。在低浓度无机砷处理时，水稻的根和茎中也有DMA，而稻田中主要存在的是无机砷，并且不同水稻品种甲基化砷的能力差异显著。土壤中的微生物可降低无机砷的毒性。

（二）植物挥发技术对硒金属的影响

硒已被作为人体必需的微量元素，但是浓度过高会对人体造成毒害。硒在自然界中存在方式有两种：无机硒和植物活性硒。无机硒从金属元素中就可以提炼出来；植物活性硒是通过生化转化而来的。无机硒毒性小，硒以硒酸盐、亚硒酸盐和有机态硒为植物所吸收。能挥发硒的植物主要是将毒性大的化合态硒转化为基本无毒的二甲基硒。

如图3-14所示，给出了植物硒挥发的可能机制转换过程。

从图3-14所示，可以得出植物硒挥发详细步骤如图3-15所示。

硒在富集植物中，在第三步之前和一般植物没有什么区别，到了第三步之后，有所不同，其不同点就是硒代半胱氨酸，其可以生成两种不同的物质，向四周环境挥发。

有专业人士对遏蓝菜做了实验研究，硒的存在分布不均，但是最主要的是以有机形式的存在，集中于蛋白质的地方分布，蛋白质越多，分布越集中。如图3-16所示是遏蓝菜硒的分布图。

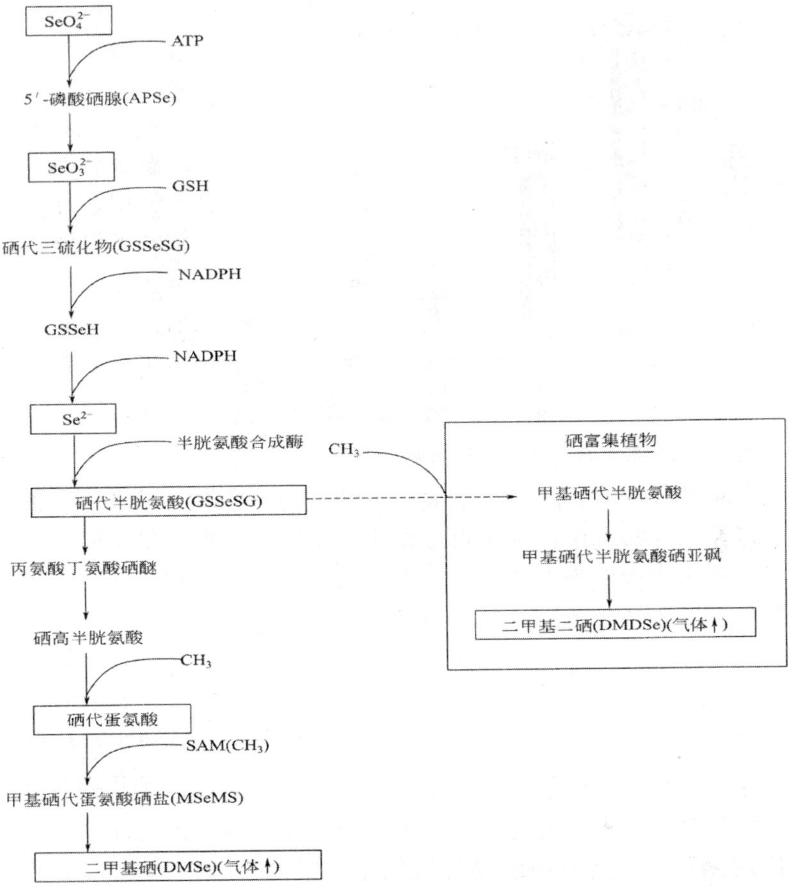

图3-14　植物硒挥发机制转换过程

①硒酸盐与 ATP 结合成活性态的5′-磷酸硒腺(APSe)，随后可能通过非酶反应还原为亚硒酸盐

②亚硒酸盐在还原型谷胱甘肽参与下，通过非酶还原为硒代三硫化物，该化合物后经两步运用 NAPDH 的反应还原为硒化物

③无机硒化物通过半胱氨酸合成酶转变成硒代半胱氨酸

④硒代半胱氨酸转变成硒代蛋氨酸

⑤硒代半胱氨酸甲基化为甲基硒代蛋氨酸硒盐导致最后一步过程，即 DMDSe 裂解为二甲基硒(DMDSe)和高丝氨酸

图3-15　植物硒挥发的步骤

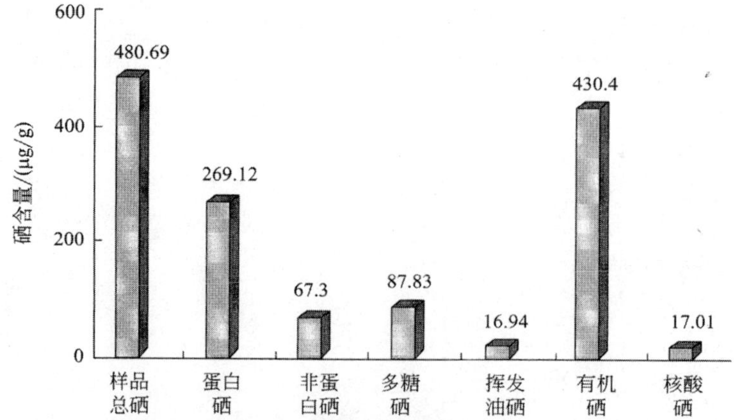

图3-16　硒在遏蓝菜的分布图

（三）植物挥发技术对汞金属的修复

汞金属是一种对环境危害最大、毒性强的重金属，可以以多种形态在土壤中存在，一些真菌或细菌可以将汞元素降解到毒性最小的、危害小的单质汞，并将其挥发到大气中，其挥发过程是：植物利用转基因技术功能将吸收的汞金属转化为易挥发的单质汞，通过叶片的蒸腾功能（植物叶子表面的水分以水蒸气的形态散失在大气层中），将其排除，以达到植物对汞金属修复的目的。

在经过对比的试验与研究中，构建了汞还原酶和有机汞裂解酶的基因表达载体，并在试验中获得了抗汞和使汞挥发的转基因植物——拟南芥。其可以增强对汞的吸附能力。试验中将汞还原酶转入拟南芥体内中，与白杨做比较，发现拟南芥中的易挥发的汞元素高于白杨体内，如图3-17所示。如果将汞还原酶和有机汞裂解酶同时转入拟南芥的体内，和非转基因的拟南芥相比，转基因的拟南芥对有机汞的耐受增强了几十倍，对汞的降毒效果很好地发挥。

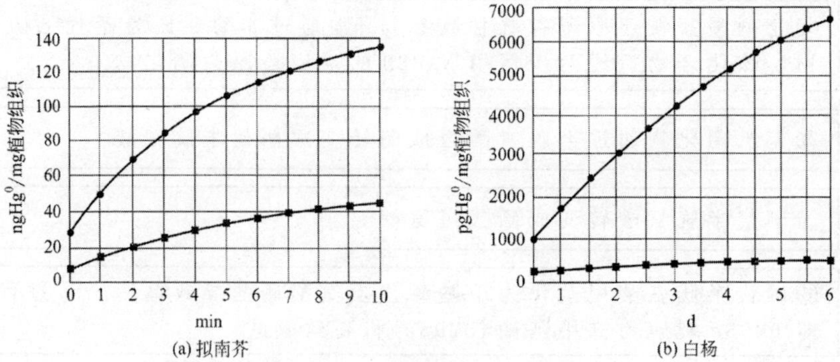

图3-17　拟南芥和白杨对比图

（四）植物代谢修复的原理与方法

根系分泌物是在一定的生长条件下，活的且未被扰动的根释放到根际环境中的有机物的总称，有来自健康植物组织的释放，也有老组织或植物残根的分解产物。大致分为渗出物，即是由根细胞中扩散出来的低分子有机物质；分泌物，即高分子粘胶物质；分解物，即植物残体（含根系）的分解产物。根系分泌物组成和含量的变化是植物响应环境胁迫最直接、最明显的反应，它是不同生态型植物对其生存环境长期适应的结果。

不同芘污染处理对根系分泌氨基酸种类的影响不大，而对各氨基酸分泌量的变化幅度影响较大。芘处理条件下，AMF与玉米联合对根系分泌物的组成有明显影响。AMF处理能够促进玉米根系分泌琥珀酸和水杨酸，为芘的共代谢降解提供底物；能够提高玉米的根系活力，降低叶片MDA浓度和CAT活性，缓解芘对叶片的氧化损伤，从而提高玉米对芘污染的抗性。

在研究中也认为，植物分泌有机物能为微生物共代谢提供基质底物。黑麦草根系分泌有机酸、总糖以及氨基酸的量都随菲质量浓度的上升而变化；在不同菲处理下，低分子有机酸的组成无明显变化，但含量随菲质量浓度上升而提高；总糖和氨基酸含量均随菲质量浓度上升出现先升高后下降的趋势。在芘、菲、芘、萘污染胁迫下，黑麦草根系分泌物中可溶性有机碳、堇酸和可溶性总糖的含量均高于无污染对照，在较低污染强度下，供试PAHs对根系分泌物的促分泌效应由强到弱依次为芘、菲、芘和萘。4种PAHs对可溶性糖类的促分泌作用最强，其分泌量的增加幅度明显大于可溶性有机碳和草酸。

第四节　环境条件对植物修复的影响

植物修复的影响因素很多，有自然环境的影响、自然灾害的影响和人为的影响。无论是哪种因素制约着，都会影响植物对环境的修复作用。

首先，能影响植物生长发育的因素，就会使修复技术受到影响，打破了植物原本修复的规律。植物的生长是体内各种生理活动协调的结果，这些生理活动包括光合作用与呼吸作用、水分吸收与蒸腾、矿物质吸收、有机物转化与运输等。植物的生理活动是在与之相适应的外界条件下进行的，外界环境直接影响和制约着植物的生长。

其次，重金属元素的植物有效性也是植物修复的重要因子。假设重金属元素在土壤中存在的状态以植物可利用态居多，那么修复效率肯定比非有效态高。

自然环境的影响因素包括：气候因子因素、土壤因子因素、生物因子因素；人为的影响因素包括农艺措施等。以下详细介绍了影响植物修复技术的因素。

一、气候因子因素

气候因子因素主要包括阳光的普照、气温、降水等。

（一）光照对植物的影响

光照是植物生长发育的一个重要的环节，如图3-18所示，是光照对植物的影响。

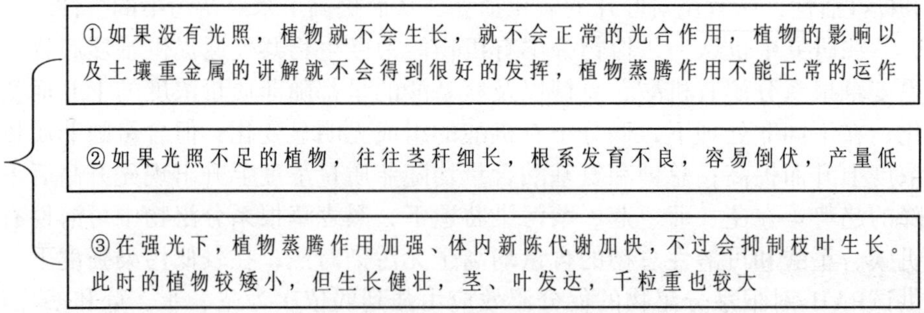

①如果没有光照，植物就不会生长，就不会正常的光合作用，植物的影响以及土壤重金属的讲解就不会得到很好的发挥，植物蒸腾作用不能正常的运作
②如果光照不足的植物，往往茎秆细长，根系发育不良，容易倒伏，产量低
③在强光下，植物蒸腾作用加强、体内新陈代谢加快，不过会抑制枝叶生长。此时的植物较矮小，但生长健壮，茎、叶发达，千粒重也较大

图3-18　光照对植物的影响

不同的植物，对光的要求并不一样，每种植物体内对光的敏感度不同，其对光的需求量也就不同，由此便可产生植物之间的差异。

（二）温度对植物的影响

植物的品种、性质不同，其对温度的要求也就不同，按照这种特点，可将植物对温度的要求概括为：生命温度、生长温度、适宜温度。温度的高低对植物也有不同的影响，如图3-19所示。

（三）水分对植物的影响

水分对植物的生长发育具有很关键的作用，植物的生长离不开水，植物的生长细胞也离不开水，据调研，原生质含水量所占的比例数值为80%~90%左右，而水在植物体重方面也是占有很大的比例。植物的叶内细胞在水分充足的条件下，液泡会扩大，并对细胞产生一定的压力，使其在紧压的状态，其叶子就会伸展挺拔。植物体内含水量也是界定植物生长发育程度的重要依据。

①当温度低于某界限时，植物会停止生长，再低则受寒害或冻害。在生长发育过程中，植物必须积累一定的热量(积温)才能进人下一生育期。一年生植物的一个生命周期和多年生植物的一个生长周期，其所需积温是相对稳定的。当逐日温度较低，积温期延长时，植物的生育期也会相应长

②当逐日温度较高，积温期缩短时，植物的生育期也相应缩短。这时因为昼夜的温度差较大的原因所导致的

③在植物所能承受的温度范围内，昼夜温差越大，对植物的生长发育越有利。这是因为，白天温度高植物光合作用加强，合成能量的同化作用大于异化作用，致使大量有机物质合成储于体内；夜晚温度降低，呼吸作用减弱，体内有机物质的分解速度减慢。这样在温差允许的范围内植物生长发育迅速。不同温度下土壤对重金属离子的吸附能力也不尽相同

④植物根系活动同样受温度影响较大。土壤温度升高根系代谢活动增强，势必加大根系与周围根际土壤的物质交换，对污染物的吸收作用也会随之增强

图3–19　温度对植物的影响

提供植物水分的重要部位就是植物的根系，如果土壤含有丰富的水分，对植物的生长就会产生很好的作用，如果土壤缺水、干旱，就会导致植物生长缓慢，重则会死亡。

以上描述对选择植物修复污染土壤具有很好的依据，气候因子因素很大程度上是一种筛选的参考依据，而不是调控因子。事实上，在大规模野外修复应用时气候因子基本上无法调控，如光照强度和时间、温度范围的控制等。这种情况下，只能选择那些能适应污染地气候类型的植物作为修复载体。

二、土壤因子因素

土壤是人类和植物赖以生存的根本。对植物来讲，植物的水分、营养物质是从土壤中吸取的，由于土壤的结构复杂，因此能影响植物生长发育的因子也就很多。

土壤是陆生植物生长的基础，是通过地壳运动，岩石圈表面疏松的表层。植物从土壤中吸收养分和水分，是生态平衡物质交换的场所。因此，植物和土壤之间有较亲密的接触，也是能量相互转换的必要场所，土壤和植物之间的关系极其密切，相互影响着彼此，所以，通过控制土壤中的因素，就干扰到了植物的生长发育问题。如果植物受到破坏，大气层也就受到破坏，平衡就会被打破，所以对土壤进行修复，减少土壤中的污染，维

护生态平衡，是至关重要的一项工作。

对土壤以及满足植物对水、酸性和Eh值，也属于土壤因子的一部分，下面主要讲解的是土壤中的因子因素所包含的内容。

（一）土壤含水量

前面提到过水分对植物生物量大小影响的重要性，植物吸收的水分来源于土壤，土壤含水量成了衡量土壤肥力的条件之一。在一定限度内，高含水量一般都有利于植物的生长发育。土壤水分与植物所需水分之间的关系，可以用凋萎系数来衡量。凋萎系数是指植物发生永久凋萎时的土壤含水量，植物不同其凋萎系数也不同，因此，植物的凋萎系数可作为植物可利用土壤水分的下限值。

（二）土壤的pH值

土壤中的酸碱性是植物营养吸收的重要参数。如前文所说，土壤和植物之间的关系，植物在吸收土壤营养的同时，也会对土壤进行调节，同时也就调节了土壤中的pH值。研究表明，当土壤中的pH值过低，就会阻碍着大量元素的吸收与被吸收；当土壤中的pH过高，就会阻碍着微量元素的吸收与被吸收。不同的植物，对土壤中的pH适应性不同。因此，植物生物量的大小和pH有着紧密的关系。

如前文所说，土壤中pH值将会影响植物的生长发育情况，另一方面也会影响重金属的积累，时间久之，就会影响土壤质量的变化，如果土壤受到重金属污染，将会直接影响植物的生长发育。植物根系分泌的各种机酸都会调节土壤的pH值（但是大部分会使土壤中的pH值降低），这样会有利于重金属的溶解，有利于植物根系的吸收，与此同时，吸附态的重金属释放量也就会增加，这是一个循环过程。

（三）土壤Eh值

由于植物根系分泌物的存在使得根际土壤的氧化还原电位明显不同于非根际土壤。而氧化还原电位的高低可影响到重金属的植物有效性。大多数重金属在土壤内是结合或吸附在氧化物的表面上，通过溶解氧化物来增加重金属的溶解性。大多数植物可以从根部释放还原剂，从土壤内获得不溶性的重金属。

三、农艺措施对土壤的影响

在农作物的生产过程中，人们为了提高农作物的生产量，就会对农作物实施措施，如施肥、农药等，这样一方面是促进了农作物的生长发育，另一方面会对土壤有破坏的作用，也会破坏植物修复土壤的功能。在很大程度上，植物的生物量与对重金属吸附作用是成正比例关系。植物的生物量越大，重金属的吸附能力就会越强。

重金属污染土壤，主要表现是肥力的缺乏、pH值不平衡，将会限制植物的生长发育。施肥是为了缓解肥力缺乏的现象，使土壤-植物系统达到暂时的平衡，植物有营养可以吸收，以期达到预想的结果。在施肥的过程中，矿物质营养交互作用就会关系到植物根系对元素的吸收，这一过程已经破坏了植物修复土壤的手段之一。

还有一种情况是植物修复过程中施肥，与普通的农作物施肥不同的是：前者不仅考虑必要的养分，还需要关注肥料对植物累积重金属的影响。

（一）化肥的作用

施肥措施是提高农作物产量的一种有效的人工方法，植物的修复可以借鉴农业生产的经验，可通过对污染土壤进行施肥，并提高土壤植物修复效率，通常条件下认为施肥能够提高有机或无机污染物的植物修复效率，但是该效应往往针对特定的植物种类，甚至很多处理会减少植物修复效率。

在施肥的过程中，对土壤的影响包含很多种，如施肥可影响植物对重金属的积累、施肥可影响植物对有机污染物的积累以及施肥对复合污染植物修复的影响。如图3-20、图3-21所示，分别对其进行详细的阐述。

①硝酸钙和尿素处理高羊茅，地上部 Zn 含量最高，而堆肥处理土壤中提取态 Zn 含量最高，硝酸钙处理土壤水提取态 Zn 含量最大，而尿素最低

②对超积累植物积累锌的研究表明，植物地上部锌含量和积累量在不同 pH 条件下均表现为 NO_3^- 处理高于 NH_4^-，同时，植物叶片中存在明显的 Zn-Ca 共积累特性

③根系锌含量主要受到溶液 pH 影响，说明 NO_3^- 直接参与提高了锌对超积累植物的吸收和转运。在实验研究中发现：鸡粪处理显著降低了植物根系、茎、叶、花和地上部 Cd 含量，因此尿素处理植物地上部镉积累量高于鸡粪

④施肥处理增加了土壤有机质、氮、磷、钾含量，微生物数量和土壤酶活性，尿素是 Cd 污染土壤植物提取的最佳选择，而鸡粪适合于植物稳定技术

图3-20　施肥措施影响植物对重金属的积累

施肥措施影响着植物对有机污染物的积累

土壤施用氮、磷、氮及磷和去磷后，不同植物的生物量、吸收及转运、无机元素含量存在较大差异。不同植物对肥的化学物质吸收不同，且与生物量的增加呈正相关

在自然降解过程中，土壤施措施中用尿素态氮显著降低了芘的生物降解速率，但是土壤增高时，种植植物与无植物对照相比，土壤污染物平均降解量增加了一倍

图3-21　施肥措施影响着植物对有机污染物的积累

另外，施肥措施对复合污染植物修复也有影响，施加肥料后有利于植物的生长发育，土壤中重金属有效态增加。总之，除了选择适宜的超积累植物品种外，施肥措施在植物修复土壤重金属方面存在一定的积极作用。

（二）有机肥作用

有机类复合剂可以通过络合、吸附以及沉淀同农作物调节土壤中的重金属污染程度，影响重金属的有效性。有专业人员在田间做了一次实验，通过有机肥的作用（粪便、稻草等），研究了重金属污染土壤中的铜与镉的分配，结果是客观的，有机化合物降低了土壤中的重金属含量。由此实验可以看出，有机复合肥可以增加土壤中的有毒物质，增加了土壤有机物沉淀。

对土壤中菲和芘去除效率的研究发现，种植显著促进了芘的去除效率（46%~61%），但是对菲的去除效率无明显影响。有些在农田里施撒除草剂，这样迫害了土壤表面的平衡，但是通过有机肥的实施，在有机废弃物里有些物质减低了土壤对除草剂的危害，如猪粪堆肥，对土壤中的多环芳烃的去除主要归因于土壤水溶性碳、总有机质和微生物群落的增加，而表面活性剂主要作用是增加了土壤芘的生物可利用性。

在盆栽试验过程中，发现养分比较贫瘠的地方（土壤受到重金属的污染），添加一系列的有机物质，就可以改善土壤的营养成分，但是对植物的提取是没有用处的，还需要较长时间对土壤进行调节。对于活性炭的描述是不影响植物生长，所以，土壤污染中，活性炭的施用可以降低土壤污染，所以这个方法也是有效降低土壤污染的方法。

利用有机废弃物对土壤进行调节和完善，能改变土壤重金属的活性，其中的相互交替作用，随着添加有机物的特性改变而改变。重金属污染土

壤生态恢复通常需要添加有机质，其能够通过提高贫瘠土壤的物理、化学特性促进植物生长，增加微生物活性。因此，农业生产上经常使用的生物副产品（动物粪便、堆肥、有机残体等），因其价格低廉和广泛存在，在很多重金属污染土壤生物修复实验中被应用。

有机质通过改变土壤的化学特性降低了金属在土壤中的有害作用，在必要时，有机肥起很关键的作用，所以，植物–土壤系统中重金属的溶解有效性起着关键的作用，有机废弃物不仅提高了土壤中的肥力，还能调节土壤的化学元素的活性。相比之下，腐殖化的有机质通过重新分配元素从溶解态转化为稳定态，减弱土壤中重金属的生物有效性，形成金属–腐殖酸复合体。

第五节　植物修复重金属污染土壤应用实例

植物修复技术由于在经济上节约成本，耗费低，在效果上能起到一定的积极作用，虽有一定的缺点，但是也不失为环境污染治理中的可选措施。本节主要阐述的是植物修复重金属污染的应用实例。

一、湖南郴州蜈蚣草植物提取修复示范工程

本示范工程是在国家高技术发展计划（863项目）、973前期专项和国家自然科学基金重点项目的支持下，中国科学院地理科学与资源研究所建立的世界上第一个砷污染土壤植物修复工程示范基地。试验基地位于湖南郴州，修复前土壤被用于种植水稻。

在 1999 年，由于砷事件的发生，其结果导致了两死、几百人住院，田地无人再耕种。污染之后的田地，砷的含量严重超标，追其原因，是一个砷冶炼厂排出的污染灌溉田地，从此，砷的土地污染得到了广大人们的重视，并对砷化学元素进行研究，发现砷主要聚集在土壤的表面，虽然受到砷事件的影响，但是土壤砷含量并未受到明显的影响。于是专业人员又做了一项田间试验——对蜈蚣草的种植，其目的就是检验在亚热带气候条件下修复砷污染土壤的可行性。如图 3–22 所示为蜈蚣草种植的试验田地图。

图3-22　蜈蚣草试验田地

在种植蜈蚣草七个月后，再研究发现，蜈蚣草在田间能有效提取土壤中的砷，而且除砷率很高。如图3-22所示为蜈蚣草除砷对比图。

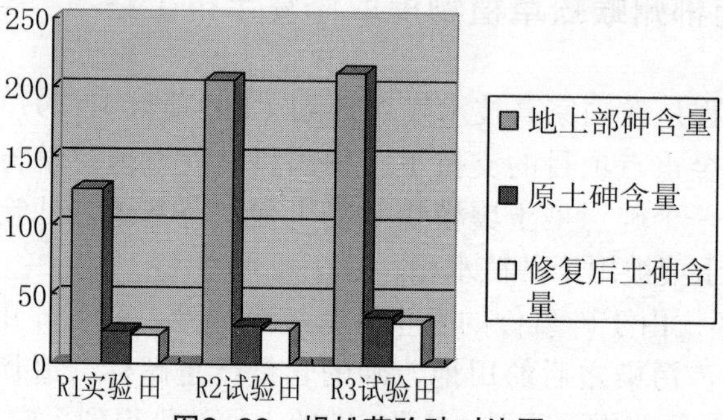

图3-23　蜈蚣草除砷对比图

二、云南个旧尾矿库复垦植物固定修复示范工程

在云南，个旧被称为“世界锡都”，在矿产开发中，锡的含量最高，而且土壤污染最严重，在村镇里对一个尾矿进行农耕，种植甘蔗，一些专业人员对这片甘蔗田进行了改良剂的使用实验——熟石灰（代号A）、普钙（代号B）、钢渣（代号C），组成8种改良剂组合：CK（空白）、

A、B、C、AB、AC、BC、ABC，以通过改良剂添加后对土壤重金属有效态的固定，减少甘蔗中重金属的含量。课题组设立实验小区（每一小区3m*4m），两个改良剂浓度梯度（低和高），以不加任何改良剂的小区（CK）作对照。选取桂糖15号和云引3号两个甘蔗品种，分别添加8种改良剂组合：CK（空白）、A、B、C、AB、AC、BC、ABC，小区设计如图3-24所示。

C	B	BC	CK	AB	C		CK	A	B	A	BC	C
CK	ABC	B	AB	AC	ABC		B	C	CK	ABC	B	A
BC	C	C	AC	B	BC	隔	AB	AC	AB	C	ABC	CK
A	AB	ABC	A	CK	A		BC	ABC	AC	BC	AB	AC
						离						
AC	CK	CK	AB	C	AB		C	CK	ABC	AB	BC	A
ABC	B	BC	C	AC	CK	带	AB	ABC	C	A	CK	AC
C	BC	A	B	BC	B		AC	B	AC	BC	ABC	C
AB	A	ABC	AC	ABC	A		A	BC	B	CK	AB	B

图3-24　植物固定田间实验图

图注释：左上：桂糖15号低浓度3个平行区组。

右上：云引3号低浓度3个平行区组。

左下：桂糖15号高浓度3个平行区组。

右下：云引3号高浓度3个平行区组。

注：A：石灰[$Ca(OH)_2$]；

B：普钙（过磷酸钙：含有效P_4O_{10}≥16%）；

C：钢渣。

低浓度：A：Ca 75g/m；

B：P 6g/m；

C：钢渣100g/m。

高浓度：A：Ca 225g/m；

B：P 18g/m；

C：钢渣300g/m。

改良剂添加4个月后，测定各处理中5种主要重金属（Pb、Cd、As、Cu、Zn）的含量。在改良剂实验中可以看出，桂糖15号和云引3号两个甘蔗品种Zn和Cu含量均未超标。若不经改良，两个甘蔗品种Pb和Cd含量均超标。经石灰+钢渣处理，两个品种Pb含量均显著下降；低浓度或高浓度石灰、石灰+普钙+钢渣、普钙+钢渣或钢渣处理，均显著降低两个品种Cd含量；低浓度或高浓度石灰+普钙+钢渣处理，均显著降低了两个品种砷含量，达到了食品污染物限量值。

三、美国中部农业排水沉积物中硒的植物挥发

美国加利福尼亚州中部排水管的农业排水沉积物中含有大量的硒，对周围环境的野生生物构成了严重威胁，对排水沉积物的有效管理成为一个实际的挑战。因为沉积物被大量的硒、硼和盐所污染，他们在2002～2003年间进行了为期两年的田间试验，以期筛选出对盐和硼有较高耐性以及对硒有超强挥发能力的最好植物。他们的研究结果表明，植物平均每月硒挥发速率如图3-25所示。

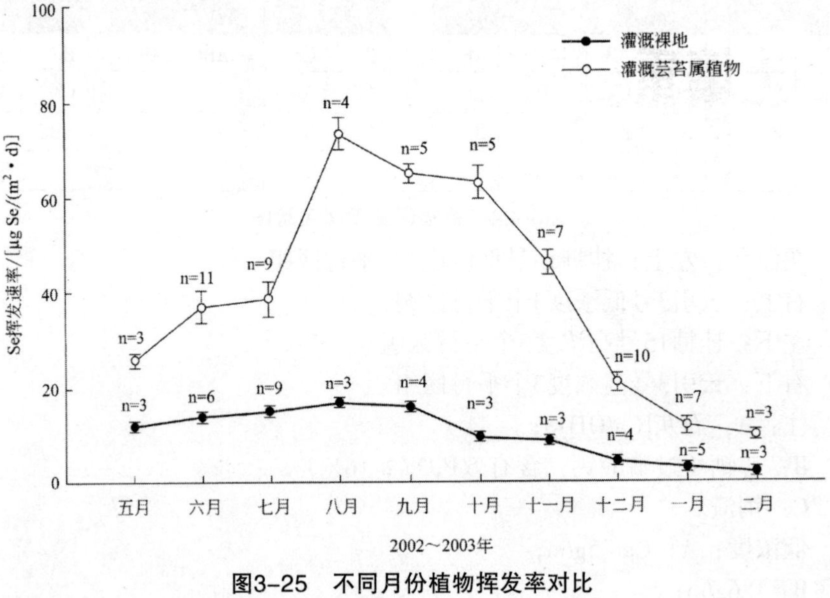

图3-25 不同月份植物挥发率对比

对于硒挥发速率最高的野生型植物，与不种植物的裸地相比，种植野生型植物在不同月份之间的硒挥发速率也不同。

第四章

土壤重金属污染的动物修复技术

土壤动物是指居住在土壤中的活的有机体，它们除了参与了岩石的风化和原始土壤的生成外，对土壤的生长发育和肥力也发挥着重要的作用，土壤的动物还参与了植物的生长发育、输送营养等。土壤动物是整个土壤的循环系统的重要组成部分，可以直接影响到土壤的肥力和养分的循环问题，对土壤的维持和恢复养分、肥力、分解轻度污染，都起着重要的作用。

土壤动物在农业生态系统中发挥着调节作用，在农作物的生长发育过程中，土壤动物参与了土壤的有机质的分解和矿物质化过程，使矿物质在植物从萌芽到收获期间分解得较慢。

土壤动物和土壤中的微生物之间也有很密切的联系。土壤动物对微生物群起着生物的供应和能量的过滤作用，土壤动物通过动身摄食，促进了土壤中的腐殖质的作用，还促进了团粒结构的形成，增强了土壤中的松软度和通透性，对于农作物的产量也有一定的作用。

近几年来，国内外重视土壤动物的作用并进行研究，主要是针对陆地生态系统作用的研究，集中在土壤动物在养分循环中的作用、土壤动物群落结构、土壤动物种群多样性以及农业干扰活动对其影响等方面的研究。越来越多的有害物质对土壤进行伤害、污染，使土壤里的植物、微生物、动物都受到牵连，有毒重金属的伤害，直接导致了土壤动物的灭绝。

对于重金属的轻度污染，土壤动物可以调节和修复，因为土壤动物对于环境的变化极其敏感，是检测土壤质量问题的风向标，到目前为止，土壤动物成为国际环境学和动物学研究的主要对象。我国对土壤动物的研究主要是对区域分布进行研究，对于同一个温度带的森林、草地、农田等进行研究、数据整理、存档。

本章主要讲解的是土壤动物的修复原理、污染物对土壤生态的破坏、蚯蚓对污染土壤的修复作用三个方面。详细讲解如下。

第一节　动物修复原理

土壤动物的指示作用包含了土壤动物类型以及作用和土壤动物的指示作用两部分。

一、土壤动物的类型以及作用

土壤动物的体型大小不一，在土壤中有三类动物分别是小型土壤动物、中型土壤动物和大型土壤动物。这三种类型的土壤动物的代表如图4-1所示。

小型土壤动物。体长 0.2mm 以下的微小动物，主要是原生动物的鞭毛虫、变形虫、纤毛虫等，生活在高湿的土壤中，又称土壤水动物

中型土壤动物。体长 0.2～1.0mm 范围内，主要包括线虫、轮虫、缓步纲、螨类、蛛形纲、弹尾目、原尾目、双尾目、盲尾目和拟蝎类等

大型土壤动物。体长 10mm 以上，大部分土壤昆虫和其他的土栖节肢动物都属于此类

图4-1　土壤动物的分类

在陆地系统中，土壤动物的主要作用就是调节和修复土壤，是对土壤的分解，小型的土壤动物和微生物群落之间有相互作用的影响；中型和大型的土壤动物的粪粒，可以形成生物的孔隙，用来贮存营养方便根系的生长。在长期的作用下，土壤的动物还对土壤里的腐殖质进行催化，具有显著的影响。

二、土壤动物的指示作用

如果要对污染土壤进行修复，首先是先检测出污染区域的类型、程度以及污染的特征，其次就是对资料进行科学的审核，选取科学的方法，进行修复。在近几年中，随着科研成果增加，不仅有了定位分析方法，而且还有生物指示方法，采用最容易受影响的生物作为土壤污染的指示标，对于其他生物群落因为化学物质的影响，会受到一定的伤害，对于伤害的评价，要求对生态系统的组成要素、生态的毒害原理进行诊断。

一般情况下，科学实验指示以植物最为指示，但是却忽略了土壤动物活跃、物种丰富的优点，更适合做污染环境的指示工具。在土壤中昆虫的种类就有两万种之多，无脊椎动物的种类就有三四千种，再者土壤动物和土壤中的污染物接触很密切，甚至是在一个区域里、一个表层土里生存，对于哪些土壤污染了，哪些土壤没有受到污染，非常敏感，总的来说，土壤动物比土壤的植物更适合做敏感的指示标，从而土壤动物对土壤的修复又多了一个指示作用。此外，土壤生物的指示也为土壤污染检测处理方案的制订起到了积极作用。

在土壤检测过程中，如果重金属进入土壤中，一旦触碰到土壤动物，土壤动物就会产生生理反应，通过存活能力、机体组织污染物表现出来，

此时的土壤动物就起指示作用，会把污染物质对土壤的毒性体现出来，一些专业人员会把信息数据记录出来。如图4–2所示是整个工作的程序图。

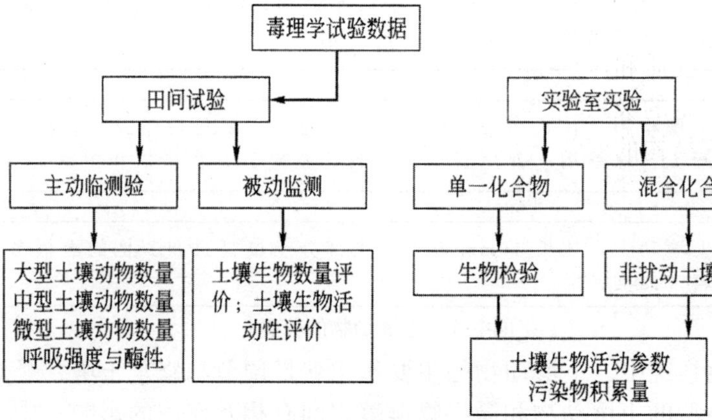

图4–2　土壤动物指示图

目前，有许多土壤动物已被用作土壤或者环境污染检测的指示工具。

在德国污染土壤生态毒理诊断项目组采用陆生无脊椎动物和原生动物作为土壤修复评价实验指标体系中的一项，并将其作为评价污染点整体生态质量的一个重要组成部分，取得了较好的实验结果。如将纤毛虫看作是很有希望的土壤原生动物毒性试验材料，来满足生态毒理研究目标的需要。在土壤中，蚯蚓的作用可以体现出土壤污染的情况，蚯蚓的数量居多，蚯蚓的身体结构是表皮有很多的感觉细胞，因此具有很强的敏感性，土壤环境的反应极其迅速，所以土壤里的蚯蚓是土壤污染的指向标。节肢动物的生活史可以作为城市土壤中指示环境污染程度的重要手段。有研究表明，蜘蛛体内的金属物质积累量要比土壤其他动物积累量多，因此，可以用作重金属污染的生物指示器。还有专业人员对蚯蚓体内的DNA进行了实验，结果表明蚯蚓的DNA甲基化和重金属污染的胁迫具有潜在的关系，蚯蚓的DNA甲基化是重金属污染的标志物，可以用于评估DNA甲基化变化的风险。

在美国有位博士做了一个实验，将 100 万条蚯蚓放入 15 亩田地里，结果劳动的效率是三个农工全年轮流干 8 个小时的效率，蚯蚓每天食入大量的有机物质，一些科学院对蚯蚓的粪便做了研究，结果是其中含有丰富的氮磷钾、腐殖酸、氨基酸和蚯蚓蛋白酶。尤其是蚯蚓蛋白酶可以杀死土壤的病变物质、杀死病菌，所以蚯蚓除了是土壤污染的指向标还是天然的生物肥。

由于污染物质种类多样，其扩散和毒性表现不一，加上土壤环境和成分的复杂性，使单纯依靠有机生物体作为污染环境的生物指示器还不能完全从定量化的角度予以明确；又由于生态系统中土壤动物种类纷杂、数量巨大而且食物网的结构复杂，土壤里的好多动物都参与了物质循环的整个过程。对于重金属来说，不同种类的重金属，不同的剂量，对土壤的污染程度、污染性质和污染的种类不同，但是在土壤里也有不同的动物，对重金属具有一定的吸附作用，使土壤污染具有一定的局限。所以建议采用土壤动物群落结构的变化来指示土壤污染状况，尽管这可能扩展了生物物种检测的工作量。建议采用种群数量相对明确、生态环境条件要求大体一致的系列物种组成指示系统，以适应各种不同情况的污染环境的指示。采用剂量-效应关系进行试验分析的结果可能不同于田间条件下的结果，因此需要进行校正。

第二节　污染物对土壤动物的生态毒理作用

剂量-效应关系是污染物对生物体以及整个生态所造成的影响，剂量-效应分析有害因子与生物群落之间对环境效应不好的过程，对于这个过程进行评估，提供评价环境化学品风险和毒害作用的基础。到目前为止，研究者使用各种污染土壤进行了研究。例如，矿物油类污染土壤、多环芳烃污染土壤、重金属污染土壤等。试验获得的结果表明，动物繁殖试验对土壤毒性的检验优于急性毒性试验。

土壤动物对重金属具有富集作用，因此重金属对土壤动物的危害影响是评价重金属对陆地生态系统健康风险的一个重要内容：据研究，土壤动物中等足类动物对重金属的富集较高而鞘翅类动物的富集较低，蚯蚓居中。提出土壤重金属在土壤无脊髓动物体内的积累符合方程：

$$\lg C_0 = \lg a + b \lg C_s$$

式中

C_0——土壤无脊髓动物体内重金属浓度

C_s——土壤重金属浓度

a、b——与具体动物有关的常数

目前，对土壤动物体内污染物含量的研究是评价土壤污染物质和了解重金属元素的一个重要过程。这种方法对于重金属的检测具有很好的效果。其中土壤动物的活动性对重金属污染的物质会产生一定的影响，如蚯蚓和蜈蚣在土壤里具有不同的效果。具体来讲，蜈蚣的呼吸强度白天和昼夜是不同的，当铜含量达到640mg/kg时，说明日夜节律性紊乱，如果想检测土壤中铜的含量或者检测土壤是否被铜金属所污染，可以通过蜈蚣的呼吸便可推出结论；还有一些研究在草甸棕壤条件下，蚯蚓的死亡与重金属中的铜、铅浓度有明显的关系，由于蚯蚓的身体结构对重金属的毒性耐受力很小，也很敏感的反应出毒性。具体表现为，当重金属含量到达一定程度时，蚯蚓的繁殖力就会明显下降，对小蚯蚓的生长具有一定的负面影响。

研究还证实在Hg污染土壤短期（2d）和长期（44d）暴露下，蚯蚓谷胱甘肽还原酶会产生随时间变化的氧化应激，因此谷胱甘肽还原酶的氧化还原可用于土壤Hg污染评估。对蚯蚓体内DNA甲基化和重金属污染胁迫的潜在关系进行了探索，研究指出蚯蚓DNA甲基化作为土壤重金属污染生物标志物的可能性，还可用于评估DNA甲基化的表观遗传变化风险。另外，放射性污染物质也对土壤动物的活动性和多样性以及群落结构产生一定的影响，如在微量放射性物质影响下，成年甲虫表现出异常活跃。但不同的放射性物质影响情况不同。

对于有机污染物对土壤动物毒性也有相关的报道，在草甸棕壤条件下，菲和芘对蚯蚓有不同的影响。菲浓度不同，对蚯蚓的影响也就不同，当菲浓度≤20mg/kg时，土壤中的蚯蚓死亡率很低，但是大部分的蚯蚓体重会下降；当菲浓度在80～100mg/kg之间时，蚯蚓的死亡率接近97%。而芘毒性相对会小一点，当芘浓度≤1500mg/kg时，蚯蚓的死亡率几乎为0，所以，在土壤里虽然有各种重金属的污染，但是有些重金属不会直接导致土壤动物的死亡，是和重金属的浓度有关系的。

农药在农业生态和土壤生态循环中，给人类、动物带来了好处，但也破坏了整个生态的循环系统。更为严重的是甚至在极地的某些动物组织、土壤、空气和水系中都有农药的残留。农药带来的好处，在这里不多阐述，着重阐述农药带来的危害。

一、农药对人类的危害简述

农药的实施，就像一把双刃剑，有好的方面，同时也有坏处，人工合成的化学农药有上百种，甚至是几百种，这些农药的广泛使用，一方面达到了想要的结果，但是长期下来，会对土壤、生态造成破坏，尤其是植物、农作物沉淀下来的农药，不仅危害了人体健康，更严重的还会危及生命。

人和农药接触，主要有三种途径：①误食，或者大量地接触有毒农药；②在生活中，吃一些农药沉积的瓜果蔬菜等；③工作环境是在某个工厂附近或者在工厂里工作，也会产生中毒的现象。环境中大量的残留农药可通过食物链经生物富集作用，最终进入人体。农药对人体的危害主要表现为三种形式：急性中毒、慢性危害和“三致”危害。下面是对三种现象的简单阐述。

（一）急性中毒的简述

农药进入体内的途径也有好多种，如：农药是通过口、呼吸、直接接触等，可以进入体内。急性中毒是在短时间内出现的中毒现象。简单来说急性中毒是麻痹神经，严重者会导致死亡。中毒的表现和原因如下：

①急性中毒表现轻者会出现头疼、恶心、腹痛等现象，重者出现痉挛、呼吸困难、昏迷、大小便失禁，甚至死亡。

②在急性中毒中，有硝酸盐的摄入，硝酸盐是世界公认的三大致癌物质。硝酸盐摄入体内主要是由于食用被硝酸盐污染过的瓜果蔬菜等。

③由于城市垃圾、污水污染、化学污染和工厂里排出的废气，会导致大气层的质变，在我国北方好多城市都出现了雾霾天气，都会影响人体的呼吸系统、神经系统和排泄系统等，有些物质还可以直接导致癌变；农药中含有大量的有机氯将会诱导肝脏酶类，是肝硬化的主要凶手之一；在蔬菜中也存在着隐形毒性，如有人会感觉到头疼、恶心、腹痛、记忆力减退、乏力等现象，是由于农药中沉积下来的毒性所导致的；生活中的毒性将会影响腹中胎儿出现畸形、死胎、早衰等现象。如果人们一直使用有毒的蔬菜，长时间的积累，人体系统会受到严重的破坏，将会威胁到人体的健康。

（二）慢性危害的简述

长期接触或食用含有农药残留的食品，可使农药在体内不断蓄积，对人体健康构成潜在威胁，即慢性中毒，可影响神经系统，破坏肝脏功能，造成生理障碍，影响生殖系统，产生畸形怪胎，导致癌症。三类主要农药的潜在危害如下：

①有机磷类农药，作为神经毒物，会引起神经功能紊乱、震颤、精神错乱、语言失常等表现。

②拟除虫菊脂类农药，一般毒性较大，有蓄积性，中毒表现症状为神经系统症状和皮肤刺激症状。

农药在人体中不断积累，在短时间内不会影响到人体的健康，如果累积过量，将会危害到人体的生命。普遍的慢性中毒现象将会干扰人体激素平衡。美国科学家已研究表明，DDT能干扰人体内激素的平衡，影响男性生育力。在加拿大的因内特，由于食用杀虫剂污染的鱼类及猎物，致使儿童和婴儿表现出免疫缺陷症，他们的耳膜炎和脑膜炎发病率是美国儿童的30倍。农药慢性危害虽不能直接危及人体生命，但可降低人体免疫力，从而影响人体健康，致使其他疾病的患病率及死亡率上升。

（三）致癌、致畸、致突变

国际癌症研究中心在动物身上做了实验，并找出了18种广泛使用的农药，可导致癌变的发生，在众多农药中，还有16种，潜伏性的毒性，将会导致癌变的发生。根据国际癌症中心所的数据，农药是引起癌变的原因之一。在战争期间，也有某国将士将有毒药物喷洒在农田里，这样不仅使敌方的士兵受感染，还会使地方老百姓受到危害。因此可以看出，有毒的农药，不仅可以使人体受害，还是一种有力的武器。这样的做法是不倡导的，杀伤性很厉害，本来战争破坏性很大，加上有力的生化“武器”将会破坏整个秩序的平衡。

目前我国拒绝销售毒性大的农药，尽管颁布了5批农药安全使用标准，也规定10类农药禁止在农业上使用，但在利益驱使下形同虚设，甚至愈演愈烈。其中二溴氯丙烷可引发男性不育，对动物有致癌、致突变作用。三环锡、特普丹对动物有致畸作用。二溴乙烷可使人、畜致畸、致突变。杀虫脒对人有潜在的致癌威胁，对动物有致癌作用。

二、农药对土壤的危害

（一）土壤污染的途径

土壤中的农药，主要来源于：一、在农作物生长过程中，农民为了提高农作物的产量，预防病、虫、草等危害到农作物，会使用农药；二、工厂废气物的排放；三、被污染的植物遗留的化学元素，通过分解，将会危害到其他农作物等。

农药一旦进入土壤，将会把土壤胶粒黏在一起，使土壤通风、挥发、农作物的吸收等都受到影响。

（二）农药在土壤中的环境污染行为

进入土壤中的农药，将被土壤胶粒及有机质吸附。所谓农药的土壤吸附作用是指土壤作用力使农药聚集在土壤颗粒表面，致使土壤颗粒与土壤溶液界面上的农药浓度大于土壤本体中农药浓度的现象。土壤会吸附农药，这样会降低土壤中的有害化学物质，但是这种吸附性，除易挥发的农药外，是滴渗在土壤表面的。降低农药在土壤中移动性，同时也降低了植物吸收有害物质的概率，农药的吸附性，是评定农药在整个环节中一个重要指标。

按不同的土壤作用力，土壤对农药的吸附作用可分为物理结合、静电结合、氢键结合和配位键结合四种吸附形式。土壤吸附农药的能力，是和农药的化学特性有关系的。在一般情况下，农药的水溶性有一定的极限性，土壤对它的吸附能力越强；同样土壤的粘粒与土壤有机质含量越高，对农药的吸附能力也越强，反之则越弱。

土壤中的农药，在成土因子、自然环境条件与田间耕作等因素的共同作用下，逐渐由农药母体大分子分解成小分子，最终转变为水、二氧化碳等后失去毒性和生物学活性的过程称为农药的土壤降解。对农作物有不同效果的农药，其自身的结构不同，在土壤中的降解过程中，所用的时间也就会不同。农药在土壤中的降解过程，主要以氧化作用、还原作用等形式开始链裂降解，土壤中农药的实际降解过程通常至少有两个或多个作用的组合。

土壤中的农药主要以分子的形式进入大气，有些农药是以挥发性的开始进入大气。当施入田间的农药，因为降水、气温等影响着农药的化学分子结构，在土壤里由于气温较高，通气性差，就会产生蒸气压的现象，把有毒的农药通过蒸气的作用，挥发进入大气层。除与农药本身的理化性质如蒸气压、水溶解度有关外，还与土壤的含水量与土壤对农药的吸附作用有关。

农田土壤中残留的农药可通过降解、移动、挥发以及被作物吸收等多种途径逐渐从土壤中消失，农田农药残留分解消失一半所用的时间称为农药的田间残留半衰期。农药的田间残留半衰期是农药在土壤中稳定性与持久性的重要标志，是评价农药药效与对环境污染的重要参数。

第三节　蚯蚓对污染土壤修复的原理

蚯蚓在整个土壤系统中起着很重要的作用。一方面蚯蚓利用自身的结构，对周围的环境很是敏感，另一方面可以增加土壤的肥沃力，调节土壤的通气性。此外，还有一个方面就是蚯蚓是土壤食物链中的一个桥梁。所以，当土壤受到重金属污染时，首先会对蚯蚓的生长、繁殖有影响，因此，普遍认为利用蚯蚓作为检测土壤质量的唯一标准是一项重要的指示。蚯蚓对土壤中的一些重金属具有一定的富集作用，可以修复土壤的污染情况，蚯蚓对土壤的修复也取决于重金属的浓度分布情况。蚯蚓还可以和土壤中的微生物协同合作，对重金属的污染阻碍、修复具有明显的效果。

一、蚯蚓对土壤物理调节作用

在土壤修复中，也可以利用动物的作用，进行对有害物质的降解，如蚯蚓，是很好的田间修复“工具”。蚯蚓主要是以洞穴居住为主的，这就会使土壤通风性好，也方便植物根系的生长、吸收养分。在民间有蚯蚓是农作的“耕地机”俗称。蚯蚓可以改变土壤的结构，增加肥力，蚯蚓的粪便也是有机肥料，对于土壤来说具有高价值的作用，通常认为，由于混合、挤压及黏蛋白黏多糖对土壤颗粒的胶结作用。经过蚯蚓肠道后的蚓粪比原土具有更高的稳定性的田间试验结果表明，蚯蚓对热带稀树草原结构破坏的土壤团聚体具有明显的恢复作用，并且蚯蚓形成的团聚体具有更高的水稳性。大量的事实证明，大量的蚯蚓粪便既增加了土壤的团聚体数量，又增加了其稳定性。

在一些实验中，发现蚯蚓对土壤的入渗率具有促进作用。蚯蚓的洞穴可以提高单位面积的水量入渗在土壤里，蚯蚓的活动轨迹也会使表施的有机化肥、农药和其他颗粒的废弃物沉降在土壤深层中，但是也有污染地下水的危险。蚯蚓的洞穴可以维持土壤的水性，土壤孔隙的季节变化与蚯蚓数量也有一定的关系。

二、蚯蚓对土壤化学的调节作用

土壤在很自然的条件下，有机物质就会降低，土壤里的植物、动物以及微生物等都是靠着有机物质生长，所以此时的蚯蚓就是土壤里的有机物质的提供者，蚯蚓分泌出大量的粘液，促使土壤活性到达高点，容易被微生物降解成有机质，所以蚯蚓增加土壤的有机质具有很大的贡献。

蚯蚓还是有机物的“搬运工”，会将大量的有机物搬进洞穴内，这样就会提高土壤的活性，加速有机物的分解。在一些研究中发现，蚯蚓的粪便具有大量的化学物质，这些化学物质通过和土壤里的物质相结合转化为其他物质，可以增加土壤的活跃性，而且，还可以直接修复土壤重金属污染的能力。蚯蚓对有机质的腐殖化过程影响着土壤酶的活性，并起到积极的作用，还有一些研究发现，凋谢物在经过蚯蚓消化时也会有腐殖化的产生，并有大量的证据可以证明，此项研究是成立的。

蚯蚓每天排泄的尿素以及粪便都可以和更高的重金属进行交换，如重金属中的汞元素、氮元素等，所以，土壤动物可以增加土壤的有效养分。在某种特定的条件下，还可以优化土壤微环境的酸碱值，可以调节土壤的酸碱中和度。

三、蚯蚓对土壤生物学性质及过程的调节

土壤动物通过改善微生物环境，调高有机质，直接取食，提高土壤的活性等，总之，土壤动物和微生物交互作用，可以改善土壤的肥力。在早期研究中，对于蚯蚓可以增加微生物的数量和活性，具有很大的分歧，但是蚯蚓对微生物还是有影响的，主要有两种情况的体现，如图4–3所示。

- ①当土壤肥力高或外加有机物时，土壤微生物量很高，蚯蚓取食有机质和微生物，代谢物的易利用碳源对微生物生长影响不大，因此土壤微生物量下降
- ②土壤贫瘠或外加有机物少时，蚯蚓可能有选择地取食营养价值高的微生物，并分泌出更多的黏液以适应环境，黏液刺激微生物迅速生长，微生物量初始比原土高，随着黏液的耗竭，微生物量也下降

图4–3　蚯蚓对微生物的影响

蚯蚓对于微生物的作用，不管在什么条件下，对微生物都起着活性的作用，如在很高的肥沃的土壤内，经蚯蚓消化道后，活性高的微生物也增加，而休眠体数量下降，随着蚓粪的老化，微生物活性开始下降。蚯蚓洞穴周围的环境（湿度和圈内温度）都影响着土壤细菌和真菌的生存，同时，蚯蚓孔穴壁的挤压作用和分泌黏液对微生物群落的活性与组成具有决定性影响，蚯蚓为土壤的微生物创造了适宜的生存环境，建立了互利关系的微生物群落。

蚯蚓对土壤生物学过程的调节还体现在其对土壤酶活性的影响方面。一些研究表明，在种植黑麦草的土壤中引入蚯蚓，会发现植物生长比较茂盛，这是因为蚯蚓的消化道组织分泌液里含有大量的蛋白酶、纤维素酶、淀粉酶和脂肪酶等，可以在土壤里转化为转化酶、淀粉酶、磷酸酶，使土壤活性升高，增加了土壤的肥力，使植物吸收快。土壤动物还可以产生一些次生代谢产物，对土壤生态系统和植物生长产生一定的影响。研究表明，蚯蚓的活动轨迹使含有高量的IAA和GA_3大量的提高，刺激了植物的根系。

总之，蚯蚓对土壤重金属的污染主要是通过物理调节和化学调节来实现修复的，但是目前，在理论和实践方面都是很薄弱的，需要大量的实践研究蚯蚓的指示功能。在研究土壤重金属污染中，需要大量的土壤生物案例和数据进行分析，并评价。

第五章

土壤重金属污染的微生物修复技术

微生物修复主要是指利用周围土壤和微生物所构成的复合体系来降解重金属污染物的修复技术，这种技术发展前景广阔且逐渐被人们接受，而且也将成为重金属污染土壤修复的发展趋势。

第一节　重金属污染对土壤微生物的影响

土壤微生物作为土壤生态系统中重要的组成部分，对土壤生态系统物质循环与养分转化都起到十分重要的促进作用。如果重金属发生污染，那么对土壤微生物带来的不良影响也是很大的，主要表现在微生物的群落结构、种群增长特征和生理生化及遗传等方面都会相应对重金属的胁迫做出应有反应。

土壤微生物主要包括细菌、真菌、放线菌等几类。它们作为生化反应，是以各种有机质为能源基础，然后进行分解、聚合、转化等复杂的反应。一般微生物的多少是与土壤肥力和有机质含量成正比的，如果微生物数量越多，那么其活性也就越强。

不同浓度范围的重金属对土壤微生物数量增长的影响，也会因为各种外界因素的干扰而存在差异。通常情况下，微生物处于低浓度时，生长速度会快一些。而高浓度反而会使微生物生长速度降低。还有就是不同种类和群落的微生物感知重金属污染的能力也是情况各异的，一般是放线菌＞细菌＞真菌。

土壤微生物量是衡量微生物总体数量的常用指标，指土壤中活的土壤有机质部分，是排除植物根系部分体积小于$5\times10\mu m^3$的生物量。只是在表示过程中存在一定难度，通常情况下需要先测得土壤中的微生物碳含量，在此基础上根据微生物体干物质含碳量为47%进行换算，最后得出微生物量，有时也可以直接用微生物碳代替来进行衡量。在没有被污染的土壤中，一般土壤微生物量与土壤有机碳含量成正相关的关系；如果受到Zn、Cu等重金属的污染，那么这种相关关系就会减弱甚至几乎没有关系。通常受到重金属污染的土壤，呼吸量会大幅度增加，而土壤微生物量则显示出明显的下降趋势，这种情况表明土壤微生物在对重金属的污染响应过程中会启动某种逆境防卫机制，因而增加了呼吸消耗。

而且欧洲几个国家在长期研究的基础上，提出了几种常见重金属在土壤微生物产生不良影响时的临界浓度，如表5-1所示。从表中我们可以看出，不同国家间的测验结果有一定差别，经过分析我们认为这可能与当地的土壤构成和气候因素存在某些联系。

表5-1　土壤微生物量降低60%时土壤几种重金属的临界浓度　　单位：mg/kg

国家	Zn	Cd	Cu	Ni	Pb	Cr
英国（Wobrum）	180	6.0	70	22	100	105
瑞典（Ultuna）	230	0.7	125	35	40	65
德国（Braunschweig 1）	360	2.8	102	23	101	95
德国（Braunschweig 2）	386	2.9	111	24	114	105

我们一般除了从数量上对重金属给土壤微生物带来的影响加以表征外，还从微生物的活性指标角度进行表征。重金属进入土壤后的迁移转化是随着微生物活性强度的不同而发生变化的，微生物的生态和生化活性也会由于土壤中重金属的毒害作用而受到严重影响。

如果土壤已经遭受重金属污染，那么它就会富集多种耐重金属的真菌和细菌。一方面，微生物影响重金属的活动性是有多种方式的，其作用机理是使重金属在其活动相和非活动相之间转化，以便从某些方面影响重金属的生物有效性；另一方面重金属及其化合物可以在微生物的作用下得到吸附和转化，但当土壤中重金属的浓度增加到限定值后，则会对微生物的生长代谢起到抑制作用，严重者还会导致微生物死亡。长期定位试验表明，当土壤中某些重金属的浓度达到一定值（如Zn 114mg/kg、Cd 2.9mg/kg、Cu 33mg/kg、Ni 17mg/kg、Pb 40mg/kg、Cr 80mg/kg）时,蓝绿藻的固氮活性和数量都会得到大幅度降低，从而影响的是重金属的共生固氮作用，这也就导致了豆科作物产量的降低。只不过共生固氮菌对重金属的感应相对蓝细菌来说就差一些，土壤性质、气候及其他共存金属离子的浓度都会对单一重金属的临界浓度产生一定影响，如Mn^{+}的浓度较高时，就会使得微生物严重阻碍对NH_4^{+}的同化作用，而大量Mg^{+}则能使这一过程减弱。

曾经有研究结果显示，假单胞杆菌（Pseudomonas）能使As（Ⅲ）、Fe（Ⅱ）、Mn（Ⅱ）等发生氧化，从而使其在土壤中的活性受到一定程度的抑制。同样，微生物还可以还原土壤中的多种重金属元素，并使其生物活性得到相应改变。甚至是在阴离子氧化的过程中释放出与微生物结合的重金属离子。例如，氧化铁-硫杆菌（Thiobacillus）能氧化硫铁矿、硫锌矿中的负二价硫，释放出的分别是Fe、Zn、Co、Au等元素的离子形式。微生物还可以通过氧化作用分解含有砷元素的矿物。高浓度的重金属对土壤微生物的生长与繁殖的抑制作用，主要表现为重金属对微生物的毒性使带巯基（—SH）的体内酶失活，同时重金属还会损害微生物的三羧酸循环和呼吸链造成影响。

第二节　微生物修复

微生物作为土壤中相对比较活跃的组成部分，甚至贯穿在整个的土壤发生、发展和发育的全过程中，始于蓝绿藻止于土壤肥力的形成过程，土壤微生物的作用不可或缺。土壤微生物甚至还对维持整个生态系统的平衡起到决定性作用，甚至还有“转化器”“净化器”和“调节器”的美誉。

污染土壤的微生物修复理论及修复技术的产生，主要是基于土壤微生物是土壤生态系统的重要生命体而建立起来的，其作用是指示污染土壤的生态系统的稳定性。本节所涉及内容的对象为土壤中的重金属及典型有机污染物，以土壤微生物和污染物质的相互作用为切入点，然后对污染土壤的微生物修复原理与技术进行较为系统的综合评价与阐述。

一、重金属污染土壤的微生物修复原理

（一）修复原理

重金属对生物的毒害作用与其自身的存在状态是密不可分的，并且重金属还由于存在形式的不同，其毒性作用也千差万别，这些存在形式对重金属离子生物利用活性的影响也是极大的。

根据Tessier的重金属连续分级提取法，土壤中的重金属主要以五种形式存在，分为水溶态与交换态、碳酸盐结合态、铁锰氧化物结合态、有机结合态和残渣态。不同存在形态的重金属其生物利用活性的区别也很大。一般来说，处于前四种状态的重金属稳定性相对来说较弱，生物利用活性较高，所以危害性就比较强；而处于最后一种状态的重金属稳定性则较强，生物利用活性较低，不容易发生迁移与转化，因此其毒害性也就较弱。土壤中的微生物之所以能使土壤重金属受污染程度得到相应降低，其核心原理是利用微生物固定或转化土壤中的重金属，然后使它们在土壤中存在的环境化学形态得到相应改变。

某些重金属的生物学毒性是和它的价态紧密联系在一起的，如Cr^{3+}和Cr^{6+}，$CdHPO_4$和As^{5+}之间的毒性差别——Cr^{6+}的毒性就比Cr^{3+}高一些，而As^{3+}

的毒性就远高于As^{5+}。有些土壤中的微生物可以在氧化还原的作用机制下使土壤中重金属的价态得到一定改变，从而也使它们的生物学毒性相应降低，最终达到降低重金属对生态环境造成的污染的目的。此外，一些土壤微生物还能够将Hg^{2+}还原成低毒性可挥发的Hg单质，进而挥发至大气中，以去除土壤中的汞。

微生物对土壤中重金属活性的影响主要体现在以下四个方面：氧化还原作用、沉淀及矿化作用、生物富集作用和微生物—植物相互作用。我们这里涉及的微生物—植物作用主要是菌根修复，而菌根修复实质上属于植物修复的范畴，此处不再赘述，下面主要对前三种作用进行讨论。

1.微生物对重金属离子的氧化还原作用

生物氧化还原反应过程主要影响的是金属离子的价态、毒性、溶解性和流动性等，最常发生微生物氧化还原反应的金属离子包括铜、砷、铬、汞、硒等。例如，铜和汞处于高价氧化态时是最难发生溶解的，因为它的溶解是建立在离子形式的基础之上的。有重金属参与微生物氧化还原反应还可进一步划分为同化氧化还原反应和异化氧化还原反应。

微生物的氧化还原反应可在一定程度上有效降低高价重金属离子的毒性，只是这一过程还受到多种因素的共同影响，主要包括环境pH值、微生物生长状态以及土壤性质、污染物特点等。

2.微生物对重金属离子的沉淀及矿化作用

重金属离子的沉淀作用一般指的是由于微生物的存在使得金属离子得到氧化或还原，也可以是在微生物自身新陈代谢的作用下发生的反应。其机制是微生物中存在的离子形式的代谢产物与污染物中的重金属离子发生反应生成了带有毒性的金属沉淀物。

我们通常所说的重金属沉淀主要是指由于微生物对金属离子的氧化还原作用或是由于微生物自身新陈代谢的结果。其作用原理是一些微生物的硫离子、磷酸根离子等代谢产物与金属离子结合后发生沉淀反应，生成有无毒或低毒的金属沉淀物。Van Roy等人经过大量研究发现，硫酸盐还原细菌将硫酸盐还原成硫化物，并在一定条件下和土壤中的重金属结合产生沉淀，我们将这种称为钝化反应。只是需要特别注意的是，沸石与碳源配合使用的情况下，钝化100%的处于可交换态的Ba和Sr只需要2天的时间。

生物矿化作用是指在有机物质的控制或影响下，发生在生物的特定部位的重金属离子转变为固相矿物的过程。它还由于无机相的结晶严格受生物分泌的有机质的控制而与地质上的矿化作用具有显著的区别，因为与众不同，所以受到广泛关注。

3.微生物对重金属的生物富集作用

1949年，Ruchhoft率先对微生物吸附的概念进行了阐述，它在进行活性污泥去除废水中污染物的实验时发现，污泥内的微生物对去除废水中的Pu有一定的促进作用，其作用原理主要是因为污泥中大量的微生物对Pu具有吸附能力。但是，目前研究死亡细胞对重金属的吸附能力还存在难题，因此我们关注的重点只是活细胞对重金属离子的吸附作用。

活性微生物对重金属的生物富集作用的主要表现有胞外络合、沉淀以及胞内积累三种形式。微生物中的—NH、—SH、Po_4^{3-}等阴离子型基团，可以通过离子交换、络合、螯合、静电吸附以及共价吸附等作用与带正电的重金属离子发生结合，从而达到微生物对重金属离子的吸附目的。

微生物对重金属离子的富集属于主动运输，并且还要以活细胞为基础，因为这个过程的能量需要经过细胞的代谢活动来提供。在特定的环境下，可以通过载体协助、离子泵等多种形式对金属离子进行输送，从而实现微生物对金属离子的富集作用。

由于微生物对重金属具有较强的吸附能力，因此在有微生物存在的环境下，有毒的重金属离子就很容易被吸附或与细胞外基质进行结合，还有的甚至经过轻度螯合作用附着在可溶性或不溶性生物多聚物表面，如图5–1所示。

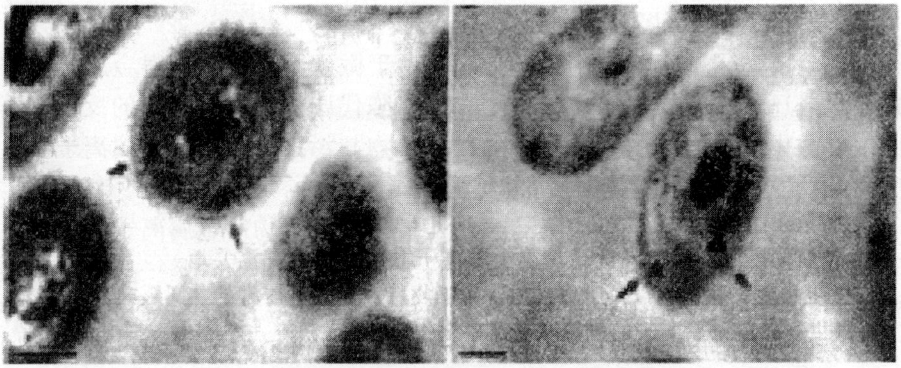

图5–1　扫描隧道显微镜展示的微生物对汞的作用

重金属在进入微生物的细胞组织后，由于“区域化作用”的帮助，分布于细胞的各个部位，并通过体内的金属硫蛋白可以结合金属离子的功能形成毒性较小甚至是无毒的络合物。由此看来，微生物的生物技术在净化污染土壤环境方面的应用还是很有前景的。

（二）制约重金属污染土壤微生物修复的因素

1.菌株因素

不同类型的微生物对重金属的修复机理也是不相同的，如原核微生物控制胞内金属离子浓度的方法主要是通过减少重金属离子的摄取，增加细胞内重金属的排放来实现的。细菌的修复机理是通过改变重金属的形态来达到改变其生态毒性的目的。而真核微生物可以通过体内的金属硫蛋白（metallothionein，MT）螯合重金属离子的原理来减少破坏性较大的活性游离态重金属离子。通常认为，不同类型微生物对重金属污染的耐性也不同，一般是真菌>细菌>放线菌。目前，研究较多的微生物种类如表5-2所示。

表5-2　微生物修复金属的种类

细菌	假单胞菌属（Pscudo-monas sp.）、芽孢杆菌属（Bacillus sp.）、根瘤菌属（Rhizobium Frank）、包括特殊的趋磁性细菌（Magnetactic bacteria）和丁程菌等
真菌	酿酒酵母（Saccharomyces cerevisa）、假丝酵母（Candida）、黄曲霉（Asperg illus Flavus）、黑曲霉（Aspergillus Niger）、白腐真菌（White rot fungi）、食用菌等
藻类	绿藻（Green algae）、红藻（Red algae）、褐藻（Brown algae）、鱼腥藻属（Anabaena sp.）、颤藻属（Oscillatoria）、束丝藻（Aphanizomenon）、小球藻（Chlorella）等

微生物修复过程中所加入的高效菌株主要通过野外筛选培育和基因工程菌的构建两种方式获得。野外筛选培育一方面可从重金属污染土壤中筛选，另一方面也可以从其他重金属污染环境中筛选，如从水污染环境中筛选目标菌株。一般来说，最佳的方式是先获得土著菌株，然后再投进已经被重金属污染的土壤中，而土著菌株可以通过从重金属污染土壤中筛选的方式获得。经过多种条件筛选后获得并富集的土著菌株对周围环境的适应能力加强了，从而提高的就是其对土壤的修复功能。

人们最早关注重金属污染土壤是从汞污染开始的，汞的微生物转化有甲基化和还原等方面。许多假单胞菌和部分真菌都具有甲基化汞的能力，而可以使有机汞经过还原作用得到单质汞的微生物主要有金黄色葡萄糖菌、大肠埃希菌和铜绿假单胞菌等。

基因工程的作用是将对污染土壤具有较强适应能力的微生物体内转入抗性基因或经过编码重组的结合肽基因，重新组建出更加高效的新菌株，我们将这一过程称之为打破种属的界限。

因为大多数的微生物对重金属抗性的表达是在基因编码的基础上建立起来的，这种基因编码是位于质粒上的，并在质粒与染色体间发生转移，于是就有一些科研项目以质粒为切入点开展接下来的研究。这种研究的目的旨在发现提高细菌对重金属累积作用的方法，如果可以大范围实施，其应用效果不可小觑。另外，由于分子生物学和基因工程技术的发展，促使菌株的高效转化和固定重金属的能力得到大幅度提升。

1985年Smith等人率先创建了噬菌体表面展示技术，从此，微生物表面展示技术在许多研究领域的应用引起了人们的高度重视。经过后来20多年的发展，其在土壤修复工程菌的构建方面的优势已经逐步显示出来。

2.其他理化因素

pH值作为对微生物吸附重金属的能力起到关键作用的因素。通常情况下，当pH值处于比较低的数值时，水合氢离子就会与细菌发生结合反应，而且还可以对重金属的吸附；但是当随着浓度增加pH值逐渐上升时，微生物细胞表面的官能团就会相应发生脱质子化的现象，这样导致的后果就是金属阳离子与活性电位结合速度呈上升趋势。不过要注意的是，pH值如果过高也会使金属离子形成氢氧化物而对菌体吸附金属离子产生阻碍作用。

研究发展，某些微生物可以对多种重金属都具有吸附作用，如Choudhary和Sar从铀矿中分离出的一种新型的假单胞菌属的微生物，对Ni^{2+}、Co^{2+}、Cu^{2+}和Cd^{2+}等都有吸附作用。只是多种重金属离子在吸附的过程中常常是彼此制约的。例如，自然水体生物膜在对Ni^{2+}、Co^{2+}、Pb^{2+}、Cu^{2+}和Cd^{2+}等离子进行吸附时，每两金属之间是互为干扰的，于是就阻碍了生物膜对重金属的吸附量。究其原因，主要是在吸附剂表面带负电荷基团的数目一定的前提下，共存金属离子之间是竞争吸附的关系。只有在极少的情况下，共存离子之间以协同作用的方式出现，但作用原理至今仍不明确。例如，经过Cu^{2+}的诱导培养后的沟戈登氏菌对Pb^{2+}和Hg^{2+}的吸附活性增强。

研究成果显示，在温度适宜菌体生长的一定范围内，温度对微生物吸附重金属效率从产生的影响不是特别明显。许旭萍等的实验也证实了球衣菌对Hg^{2+}的吸附过程就不是以温度为支撑的。康春莉等人也在研究后发现，当温度低于30℃时，对Pb^{2+}、Cd^{2+}的吸附几乎不变；但如果当温度高于30℃时，吸附量就呈现出轻微的下降趋势。很可能的原因就是高温使胞外聚合物的活性受到了影响，从而导致吸附量有所降低。

（三）存在的问题及未来研究方向

针对目前的发展情况来看，重金属污染土壤的微生物修复技术虽发展势头强劲，但还有一些问题需要引起关注，主要包括以下几个方面。

（1）修复的过程漫长，短时间内效果不明显，而且对重金属污染严重的土壤修复作用不大。

（2）在修复过程中新加入的具有修复作用的微生物会与土壤中原有的土著菌株发生排斥，可能因不敌土著微生物而逐渐减少或活性降低，从而导致修复效果也不满意。

（3）重金属污染土壤原位微生物修复技术基本上还不成熟，因此想要大规模应用于实际是存在一定困难的。

综上所述，我们可以看出微生物修复还有很长的路要走，很多方面还有待提升，我们可以试着从以下方面入手进行改善。

①逐步将重点向具有较高修复能力的微生物方向转移。分子生物学和基因工程技术的应用提高了菌株的转化和固定能力。而随着微生物展示技术的进一步发展和改进，对微生物重金属修复工程也将发挥重大作用，其应用前景非常可观。

②采用多种修复方式的共同集成，以使修复作用发挥到极致，其中既包括植物—微生物联合修复技术，也包括其他环境修复技术。研究影响微生物修复所在的土壤环境，通过添加络合剂和螯合剂等化学试剂，观察微生物对土壤的修复速率。在生物刺激技术的帮助下向土壤内输送微生物生长所需要的营养成分，在增强自身竞争力的同时提高对土壤的修复能力。

③建立一个相对完善的系统性评价指标体系。评价指标体系的建立可以说是为奋斗在微生物修复前线的研究人员提供了一个科学的依据，为土壤修复研究指明了方向，而且不同区域建立环境条件和污染状况的评价指标体系尤为重要。尽管有关部门已经开始着手这项工作，但是因其是一项工程浩大的项目，需要各方面的协调与支持，所以还在改善与探索中前进。

虽然重金属污染土壤的原位微生物修复技术还有不足之处，目前的应用和市场也很有限，但是这种方法本身所具有的经济和生态的双重优势是物理和化学方法难以望其项背的，而且发展潜力巨大。微生物修复将为重金属污染土壤的治理贡献自己的一份力量。

二、有机污染土壤的微生物修复原理

近20年是我国工、农业生产迅速发展的时期，其中土壤受污染作为农业污染的重中之重而受到高度重视。据有关数据显示，我国受农药、化学试剂污染的农田竟然有6000多万公顷，污染严重程度高居不下。目前，环境科学领域已经将有机物污染土壤的修复及治理工作作为研究的重点项目。国内外对有机物污染的相关研究主要包括以下两个方面：从有机物污染种类来说，是对多环芳烃（polycyclic aromatic hydrocarbons，PAHs）和多氯联苯（polychlorinated biphenyl，PCB）污染的土壤修复研究；从污染源的划分来说，主要是对农药和石油污染土壤的修复研究，如图5-2所示。

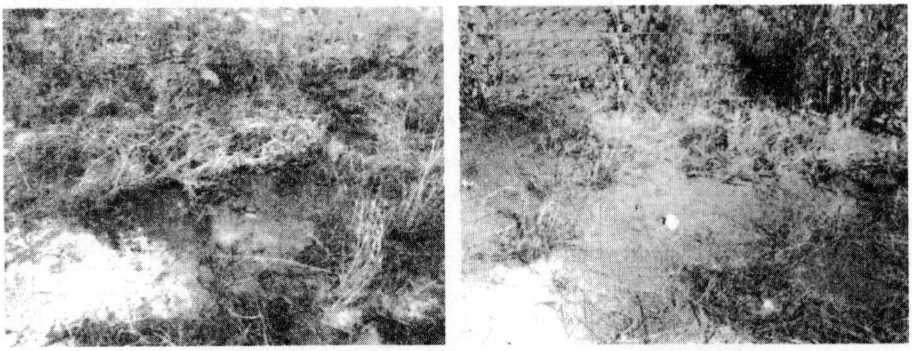

（a）洪水溢油　　（b）做43天以后

图5-2　某石油污染土壤的微生物修复示意图

土壤中的多环芳烃和多氯联苯具有潜在的致癌性和致畸性的特点，属于典型的持久性有机污染物（persistent organic pollutants，POPs）范畴。近年来，人们也将重点放在土壤微生物对这类物质的修复机上。PAHs和PCB由于其衍生物体系庞大，所以导致其可以不被分解而长期滞留于土壤中。PAHs和PCB具有显著的致癌和致突变性，造成的危害也是不可估计的。近年来，针对PAHs和PCB污染特征、污染控制与削减、修复关键技术等方面的研究进展迅速，尤其是在其微生物修复原理与技术研究方面取得的成果最为显著。

现在我国的农业水平发展迅速，并且逐步向现代化过渡，在生产过程中农民应用于农作物上的农药量也呈上升趋势。据有关数据统计，中国每年用于农作的的农药使用量高达50多万吨，主要是除虫、除草和杀菌类居多。农药对土壤的危害主要是降低呼吸作用和固氮能力，影响不一，有的可能是短时间的，有的可能就是永久性的伤害，无法恢复。农药使用过程中如果是在播种时，会将农药与种子混合，这样农药就直接进入到土壤中了，其伤害性也是最大的；如果采用喷洒的方式，大部分农药也会在风的作用下最终都落入土壤中。因此，我们可以看出来土壤中的农药污染是相当严重的，而突然污染的后果就是导致土壤生产力严重下降。

石油对土壤的污染。石油的主要组成成分是烃类化合物，主要作用是作为工业原料和能量来源。正如我们所知，烃类化合物大都具有使人或动物发生病变的可能。因此，在石油生产的各个环节都需要特别注意，如果稍有不慎发生泄漏，不管是对人类还是对植物、动物都会带来不可估计的损害，使生产和生活遭受不便。

（一）修复机制

微生物一般是在氧化作用、还原作用、水解作用、基团转移作用以及其他机制的帮助下，来降解和转化土壤中的有机污染物。

土壤有机污染修复中的氧化作用包括以下方面，如图5-3所示。

①醇的氧化，如醋化醋杆菌（Acetobacter aceti）将乙醇氧化为乙酸，氧化节杆菌（Arthrobacter oxydans）可将丙二醇氧化为乳酸。

⇩

②醛的氧化，如铜绿假单胞菌（Pseudomona saeruginosa）将乙醛氧化为乙酸。

⇩

③甲基的氧化，如铜绿假单胞菌将甲苯氧化为安息香酸，表面活性剂的甲基氧化主要是亲油基末端的甲基氧化为羧基的过程。

⇩

④氧化去烷基化，如有机磷杀虫剂可进行此反应。

⇩

⑤硫醚氧化，如三硫磷、扑草净等的氧化降解。

⇩

⑥过氧化，艾氏剂和七氯可被微生物过氧化降解。

⇩

⑦苯环羟基化，2,4,-D和苯甲酸等化合物可通过微生物的氧化作用使苯环羟基化。

⇩

⑧芳环裂解，苯酚系列的化合物可在微生物作用下使环裂解；

⇩

⑨杂环裂解，五元环（杂环农药）和六元环（吡啶类）化合物的裂解；

⇩

⑩环氧化，环氧化作用是生物降解的主要机制，如环戊二烯类杀虫剂的脱卤、水解、还原及羟基化作用等。

图5-3　氧化作用包括的内容

还原作用包括以下方面，如图5-4所示。

①乙烯基的还原，如大肠杆菌（Escherichia coliform）可将延胡索酸还原为琥珀酸：

↓

②醇的还原，如丙酸俊菌（Clostridium propionicum）可将乳酸还原为丙酸。

↓

③芳环羟基化，甲苯酸盐在暖氧条件下可以羟基化；也有醌类还原、双键、三键还原作用等。

图5-4 还原作用包括的内容

基团转移作用主要包括以下方面的内容，如图5-5所示。

①脱羧作用，如戊糖丙酸杆菌（Propionibacterium pentoseceum）可使琥珀酸等羧酸脱羧为丙酸。

↓

②脱卤作用，是氯代芳烃、农药、五氯酚等的生物降解途径。

↓

③脱烃作用，常见于某些有烃基连接在氮、氧或硫原子上的农药降解反应。

↓

④还存在脱氢卤以及脱水反应等。

图5-5 基团转移作用包括的内容

此外，还有水解作用，主要包括酯类、胺类、磷酸酯以及卤代烃等水解类型。而一些其他的反应类型有氨化、乙酰化、酯化、缩合、双键断裂及卤原子移动等。

以下将从污染物分类的角度介绍其在土壤修复中的主要机制。

1.多环芳烃的微生物降解作用

多环芳烃（PAHs）作为一种剧毒有机污染物，具有致突变、致癌的特点，并且普遍存在于环境中。多环芳烃是由2个或者2个以上的苯环构成的，并且苯环在其内部呈线性排列、弯接或者簇聚的方式，低分子量PAHs中菲的结构如图5-6所示。

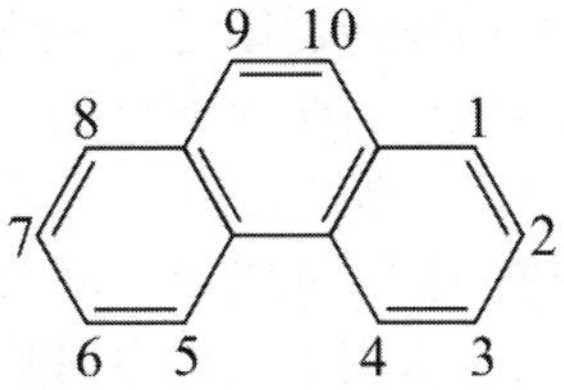

图5–6　菲的结构式

微生物修复多环芳烃作为一种修复方法，从研究时间上来说可以说是比较早的，而且在使用范围和应用上也是最广泛的。其修复机理主要可以从两方面进行阐述：其一，一些微生物将多环芳烃作为它们唯一的能量来源，可以将其利用到降解甚至是达到矿化；其二，某些有机物必须要有其他的化合物的能量作为基础才可以降解有机物，其自身无法作为微生物的能量来源，我们将这个过程称为共代谢途径。目前，降解多环PAHs应用最多的方法就是微生物的共代谢作用。

2.多氯联苯的微生物降解作用

多氯联苯（PCB）是联苯分子中的氢被1 ~ 10个氯原子听取代的一类化合物，主要特点包括抗生物降解、亲脂性高、具有半挥发性、可以在环境中长时间保留，其分子式为$C_{12}O_{10-x}Cl_x$，如图5–7所示。从图中可以看出，每个苯环上有5个取代位点（ortho，Meta，para），我们根据氯原子取代个数和位置的不同，可以将PCB化合物分为209种同族体（congener）。而且，多数PCB同族体或者其混合物都曾用于工业生产中，是最主要的污染源。20世纪70年代开始，PCB就被停止使用了，但是由于其具有难降解和持久性的特点，后期关于各种环境介质中不断检出该物质的报道也是层出不穷，其中土壤中的含量相对来说是最高的。另外，斯德哥尔摩公约公布的首批优先控制的12种持久性有机污染物就包括PCB，因为其具有的潜在致癌性和毒性，对人体健康和生态系统安全造成了严重威胁。因此，对被多氯联苯污染的土壤进行修复，加快其降解速度是一项义不容辞和迫在眉睫的工程。经过实践发现，利用微生物对被多氯联苯污染的土壤进行修复的效果最为显著。

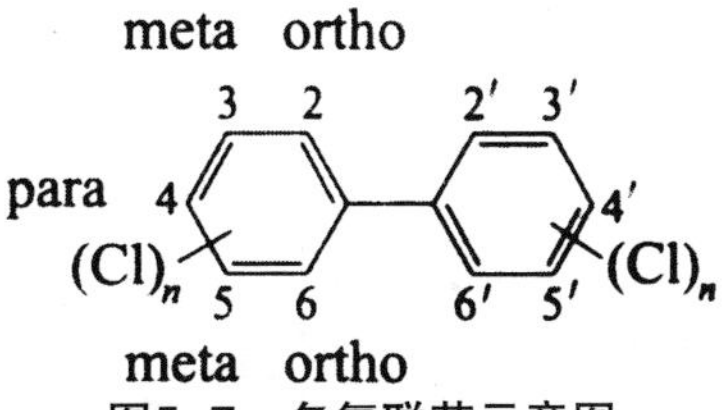

图5–7　多氯联苯示意图

3.有机农药的微生物降解作用

经过大量研究发现，目前农药污染已经是威胁食品安全和人畜健康的重要杀手。2012年，浙江省农业科学院农产品质量标准研究所和农业部农药残留检测重点实验室等单位对浙江省用于蔬菜生产中的9种低毒农药进行了残留检测。结果让人大吃一惊，几乎所产蔬菜都检测出了大量的农药残留。而环境中拟除虫菊酯类杀虫剂的残留会对哺乳动物的免疫系统、生殖系统疾病和荷尔蒙造成危害，甚至还有诱发癌症的可能。而暴露在空气中的有机氯农药甚至还与阿尔茨海默病、帕金森氏病、乳腺癌的发生有关。棉花种植过程中广泛应用的杀雄剂甲基砷酸锌和甲基砷酸钠均为砷类化合物，对人体也具有极大的危害大。因此，对治理土壤农药污染土壤进行治理是迫切的需要，而生物修复技术作为最安全、有效、经济且无二次污染的手段，一直被研究领域广为推行。

农药进入到土壤后经过吸附或挥发等过程发生转移现象，这样一来就对环境造成了二次污染的危害。我们现在对农药的降解主要包括生物和化学两个方面，这是目前可以消除农药土壤污染的最有效方式。其中生物降解方法较受欢迎。因为它不仅有效，而且还是进行修复的理论基础。生物降解依赖的主体主要是土壤微生物、植物和动物。当环境中出现有机污染物时，部分微生物就可以在酶的作用下发生突变然后形成新的微生物，并由于诱导酶的作用逐渐与新环境相互适应，从而达到降解新的有机物的目的。

在研究人员的不懈努力下，在微生物修复污染土壤方面获得了长足的发展。表5–3为部分农药污染土壤微生物修复小规模田间试验结果。

表5–3　农药污染土壤微生物修复的小规模田间试验

实验设计	农药污染物	实验时间	结果/去除率
白腐真菌降解	灭蚊灵，艾氏剂，七氯，林丹，狄氏剂，氯丹	21d	氯丹：9%～15%矿化；林丹：23%矿化
泥炭吸附加堆剂	马拉硫磷，克菌丹，林丹二嗪农		98%去除
细菌过滤	2,4–D，DDT	168h	2,4–D：99%去除；DDT：58%～99%去除
实验室细菌过滤	蝇毒磷	7～10d	从1200mg/L降低到0.02～0.1mg/L
田间规模细菌过滤降解	蝇毒蠢	30d	从2000mg/L降低到8～10mg/L

续表

实验设计	农药污染物	实验时间	结果/去除率
农药废水的生物膜/生物膜激活炭柱处理	有机磷农药（三等嗪）	4m	88%~99%去除（西玛津不能去除）
五种不同的废水	2.4–D，林丹，七氯	8m	73%的2,4–D，80%的林丹和62%的七氯
氧化/厌氧循环DARAMENDTM技术	BHC	405d	41%~96%
污染地下水修复	氯苯，氯酚，BTXE，六氯环己烷	4w	高效脱氯
厌氧还原脱氯	六氯苯	37d	79%转化成1,3.5–三氯苯
外源投加降解性微生物	有机磷、菊酯、有机氯农药	3~30d	80%以上
厌氧降解（补加营养）	毒杀芬	14~21d	58%~95%还原

对微生物修复农药污染土壤的研究主要有以下两方面的内容。第一，土著降解性微生物对营养元素的需求很高，因此通过添加营养元素的方法可以适当提高微生物的修复效果。第二，经过实验研究发现，在原有条件不变的情况下，通过接种外源降解性微生物也可以在一定程度上提高修复效率。

4.石油污染土壤的微生物降解作用

石油在生产、炼制、加工、储运及使用过程中，总会因为各种各样的原因，发生石油烃类的溢出和排放现象。目前，我国石油企业每年生产落地原油约70万吨，其中就有约1/10的部分排入土壤中。越来越多的人开始关注石油污染方面的问题，并针对污染积极研发有效的治理方法。其中，涉及生物修复研究方面的比较多。石油污染包括的范围比较广，如石油加工企业排污、油轮泄漏、输油管道破裂等造成水体、土壤和地下水的污染。降解石油的微生物分布比较广泛，存在于不同环境中，主要有海洋、淡水、陆地、寒带、温带、热带等。能够分解石油烃类的微生物可以高达100余属、200多种，主要有细菌、放线菌、霉菌、酵母以及藻类等。

一般来说，石油烃基于微生物的作用，其代谢机理包括脱氢作用、轻化作用和氢过氧化作用。其中烷烃的氧化途径有单末端氧化、双末端氧化和次末端氧化。直链烷烃的氧化过程为：首先被氧化成醇，然后在醇脱氢酶的作用下再被氧化为醛，最后通过醛脱氢酶的作用再被氧化成脂肪酸。正烷烃的生物降解是由氧化酶系统酶促进行的，而链烷烃也可以直接脱氢形成烯，烯再进一步氧化成醇、醛，最后形成脂肪酸。链烷烃也可以被氧化成为烷基过氧化氢，然后不经过其他步骤直接转化成脂肪酸。一些微生物能将烯烃代谢为不饱和脂肪酸并使某些双键发生位移或产生甲基化，形成的脂肪酸是带有支链的，然后再进行降解。多环芳烃的降解是通过微生物产生加氧酶后进行定位氧化反应。真菌可以产生单加氧酶，在苯环上加氧原子形成环氧化物，再在其上加入H_2O转化为酚和反式二醇。而细菌可以产生双加氧酶，苯环上加双氧原子形成过氧化物，其被氧化为顺式二醇，再脱氢转化为酚。经过微生物代谢产生的物质可被微生物自身利用合成细胞成分，或者可以继续被氧化成CO_2和H_2O。

石油污染物一直使用的处理方式是好氧微生物降解，而且针对这方面的研究已逐步开展了。近年来，国内外研究者对石油污染的厌氧处理已慢慢深入。与好氧处理相比，厌氧处理既存在优势又有其不足之处。在好氧条件下，好氧微生物降解低环芳烃，但是对四环以上的多环芳烃的降解效果却不是很明显。厌氧微生物可以利用NO_3^-、SO_4^{2-}、Fe^{3+}等作为电子受体，主要用于好氧处理不能降解部分物质的降解。但是与好氧处理相比，厌氧菌的培养速度和对污染物的降解速度都很慢。电子受体对厌氧降解的影响也很大，有研究表明，在存在混合电子受体时，更有利于石油烃的降解，故可通过加混合电子受体的方式加强修复。

微生物对不同的烃类降解能力不同。一般认为，可降解性次序为：小于C10的直链烷烃＞C10～C24或更长的直链烷烃＞小于C10的支链烷烃＞C10～C24或更长的支链烷烃＞单环芳烃＞多环芳烃＞杂环芳烃。微生物对石油烃代谢降解的基本过程可能包括：微生物接近石油烃，吸附摄取石油烃，分泌胞外酶，物质的运输和胞内代谢。

美国犹他州某空军基地采用原位生物降解的方式修复航空发动机油污染的土壤。通过向湿度保持在8%～12%状态下的土壤中添加N、P等营养物质，再加上竖井增加O_2供应的支持。13个月后，数据显示土壤中平均油含量由原来的410mg/kg降至38mg/kg。

荷兰一家公司在研制的回转式生物反应器的帮助下，使土壤与微生物在反应器内充分接触，并通过喷水的方式使土壤保持固定湿度，并在22℃条件下处理17d后，发现土壤中含油量由1000～6000mg/kg降至50～250mg/kg。

Monhn等对北极冻原油滴污染土壤的情况进行了研究，现场接种抗寒微生物混合菌种进行生物修复处理，一年后，检测发现土壤中油浓度几乎只有初处理浓度的1/20。杨国栋、丁克强、张海荣分别进行了石油污染土壤生物修复技术的微生物研究，研究结果表明生物修复技术使能源投资大幅度降低，如果说是针对大规模的污染土壤处理，那么这种方法相对来说就简单易行、便于推广。

一般来说，土壤中降解烃的微生物只占微生物群落的1%左右，而当有石油污染物存在时，降解者的比率会在自然选择的作用下提高到10%。微生物的种类、数量及其酶活性都是石油烃类生物降解速率的制约因素。

（二）对有机污染土壤微生物修复产生的影响因素

有很多因素可以对微生物修复石油污染土壤的最终效果产生影响，除了有机物自身所具有的特性外，还与土壤中所包含的微生物的类别、数量以及所处的环境等因素有关。另外，由于表面活性剂在有机污染物的微生物修复中占有重要地位，以下内容将对其进行详细介绍。

1.有机污染物的生物降解

有机污染物的生物降解程度与它的化学组成、官能团的性质及数量以及分子量大小等因素有关。一般来说，最容易被降解的是饱和烃，其次是低分子量的芳香族烃类化合物和高分子量的芳香族烃类化合物，而石油烃中的树脂和沥青等则是最难被降解的。不同烃类化合物的降解率高低顺序是正烷烃>分支烷烃>低分子量芳香烃>多环芳烃。官能团对有机物的生物可利用性产生巨大影响。此外，分子量大小对生物降解的影响也是不容忽视的，高分子化合物的生物可降解性相对来说比较低。还需要注意的是，有机污染物的浓度对生物降解活性也有一定的影响。当浓度相对较低时，有机污染物中的大部分组分几乎都可以被降解；但当有机污染物的浓度不断提高后，由于其自身的毒性会对土壤微生物的活性起到一定的抑制作用，因此降解率也就相应降低了。

2.影响微生物修复的因素

微生物在生物修复过程中扮演的既是石油降解的执行者的角色，又是其中的核心动力。土壤中微生物的种类及构成是影响有机污染土壤微生物修复的重要因素。因此，当前微生物修复技术的研究重点就成为寻找合适的污染物降解菌。通常情况下，可以用于微生物修复的微生物主要有土著微生物、外来微生物和基因工程菌三类。近期内国内的一些研究还是将土著微生物作为了重点对象。自然界本身就是一个天然的微生物培养基，蕴藏着数量巨大的微生物。当遭受到来自外界的有机污染物的侵害时，它们自身就会根据目前所处的环境进行分析，然后经过优胜劣汰的过程，筛选后适合当前环境的微生物就迅速生长，大量繁殖，以达到自身修复的目的。

由于土著微生物在降解污染物方面的绝对性优势，生物修复工程将其作为了重点研究项目，力求使其作用得到最大限度释放，这是必要的同时也是与目前的研究方向相一致的。只是当受到污染的环境中具有修复功能的土著微生物得不到很好的生长或者由于污染物毒性太高抑制微生物的繁殖速度时，我们可以根据情况适当进行人为投递，添加一些可以降解当前的污染物又不与土著微生物产生竞争的高效降解菌群，我们称之为外来微生物。

目前，可以用来进行生物修复的高效降解菌大多都是经过多种微生物混合后形成的复合菌群，其中具有代表性的光合细菌甚至已经应用到了商业生产中。另外，商业中得到广泛应用的光合细菌菌剂有一部分都是属于红螺菌科的范畴，这一部分都对有机污染物具有较强的降解和吸附能力。

3.影响有机污染物生物降解的环境因素

微生物对有机污染物不同组分的降解能力是不同的，另外环境因素也会影响微生物对有机污染物的降解过程，而且这种影响对有机污染物的降解过程所起到的作用往往是决定性的。例如，某种石油烃可以在一种环境中长期生存，而如果移植到另一种环境中，同样的烃化合物只需几天有时甚至几小时内就会被完全降解掉。其中，对有机污染物生物降解产生影响的重要因素主要有pH值、O_2含量、温度、营养物质含量和盐浓度等。

土壤的pH值是土壤化学性质的综合反映，是影响有机污染物的微生物降解中最关键的因素。能降解有机污染物的土壤微生物与大部分微生物相同，适宜繁殖的pH值为6～8，一般认为7.0～7.5是最合适的。由于土壤微生物在降解过程中会产生大量的酸性物质，它们经过一段时间后便在土壤中形成积累，从而使pH值逐步降低。因此，在使用生物方法治理偏酸性污染土壤时，为了使微生物代谢活性和降解的速率有所提高，可以利用在土壤中添加一些农用酸碱缓冲剂的方法，以使土层的pH值得到调节。所以我们认为，在微生物降解有机物的过程中，最适宜的pH值除了与降解菌有关外，与降解条件也是密不可分的。

温度通过对石油的物理性质和化学组成的影响，进而使其微生物烃类的代谢速率发生改变。处于低温环境时，有机污染物的黏度就会增加，降低了短链有毒烷烃的挥发性，水溶性增加，对微生物产生的毒性也随之增大，这也将从侧面对烃类物质的生物降解产生影响。温度低时，酶处于不活跃状态，从而也导致降解速率降低；而处于30℃～40℃的温度时，烃代谢速率会迅速升高并达到最大值。一般认为，温度高于40℃时，烃的毒性会逐渐增大，反而也会造成微生物自身的活性降低的情况，进而使有机污染物的微生物降解速率降低。

环境中的氧气作为对微生物的影响因素，是占有很重要的地位的。微生物对有机污染物的生化降解过程也因为烃类的不同而有所差异，在降解的过程中对电子受体的需求量是非常大的，其作用主要是将氧和NO_3^-溶解掉。根据有关数据显示，每分解1g石油需要O_2量是3～4g。一般在被石油污染的区域，石油烃在土壤孔隙和水表面很容易形成一种隔离层——油膜，从而导致氧的传递速率相当迟缓。因此，供氧不足成为制约许多石油污染区的微生物修复过程的重要因素。

微生物的生长是离不开碳、氮、磷、硫、镁等无机元素的支持的，只是由于环境中的营养物质的限制，虽然有机污染物可以作为微生物的大量碳底物，但它提供的只是很容易就可以获得的有机碳，而氮、磷等无机养料却无法获得。于是氮、磷钾等无机营养物便成为对微生物活性产生影响的重要因素。因此，在降解有机污染物的过程中可以通过适当添加营养物的方法使降解速率达到最大化。一般来说，比较常见的烃类生物降解限制因素有氮源和磷源，适量地添加对烃类生物降解过程具有一定的促进作用。

细菌等微生物一般只能在NaCl、KCl、$MgSO_4$等低盐浓度环境中繁殖生存。如果土壤盐浓度过高，就会对微生物的吸水功能产生影响，进而会抑制微生物的繁殖甚至是将其杀死；同时溶液中NaCl浓度对细胞膜上的Na^+、K^+泵也会产生巨大影响，而Na^+、K^+泵是维持细胞内外离子梯度的重要因素。它不仅可以使细胞的膜电位保持稳定，还可以调节细胞的体积和驱动某些细胞中的糖与氨基酸的运输，从而促进细胞的生长。

4.表面活性剂对土壤有机污染物微生物修复的影响

由于石油烃的有机物中有大量的疏水性有机物的存在，这些物质的黏性都比较高，而且相对更稳定，不能被生物很好的利用。还有就是，多环芳烃类高分子有机物的存在严重制约了生物修复的进程。针对这种情况，目前有关微生物修复技术方面的研究通常都需要在一些外在因素的帮助下达到强化微生物修复的目的。这里所说的生物强化修复指的是在现有环境条件下通过添加具有特定作用的微生物或营养物质等方式，使修复效果得到显著提升的同时，还可以相应缩短修复所需要的时间和减少修复的成本。

其中，经常用到的生物强化手段之一就是在污染土壤中添加适量的表面活性剂（surfactant），即一种能影响溶液体系的界面状态，并使其能发生明显变化的物质。表面活性剂的分子结构两端分别为亲水基团和疏水基团。亲水基团一般指的是羧酸、磺酸、硫酸等极性基团，甚至还有极性亲水基团，如羟基、酰胺基、醚键等。而疏水基团常为非极性烃链，如8个碳原子以上烃链。研究发现，影响生物降解速率的关键步骤是疏水的有机污染物从土壤表面到进入细胞内部的传递效率。而随着表面活性剂的加入，提高了有机污染物在水相中的传递速率，因此常作为强化手段被用于对有机污染物微生物的修复中。

表面活性剂的作用除了能使界面的表面张力得到有效降低外，还可以通过形成胶束的形式将疏水性有机污染物包裹而进入水相，使污染物的流动性得到提高。研究者正是根据这一特性将其应用到对疏水性有机污染物污染土壤生物修复中，虽然存在一些问题，但效果明显。表面活性剂主要是通过细胞膜对其的吸附作用和对微生物在土壤中存在状态的改变两种方式来对土壤微生物发挥作用。细胞膜之所以对表面活性剂具有较强的吸附作用，主要是因为细胞膜的主要成分是磷脂分子，而磷脂与表面活性剂在结构和性能上几乎一致，这就为这种吸附作用在细胞膜和污染物之间的转换提供了便利，进而使污染物的脱附速率和细胞膜的通透性都有所提高，最终达到提高降解速率的目的。

国内外开展了大量的研究，主要是针对表面活性剂对有机污染场地的生物修复功能，结果均显示表面活性剂有促进石油类污染物降解的作用，尤其是降解菲、芘等多环芳烃、多氯联苯类方面加强作用明显。练湘津等在研究表面活性剂对加油站地下油污土壤修复的影响时发现腐殖酸钠、SDS等均可明显提高对石油类物质的降解作用。Niu等研究的主要是关于Tween-80对沥青质等原油污染物生物降解的强化作用，并在模拟实验中使得沥青质等原油中高黏度组分的微生物降解效果大为增强，该研究同时证明了表面活性剂在稠油污染土壤修复中的应用前景是非常广阔的。目前，关于在污染土壤生物修复中添加表面活性剂的研究还只停留在实验室内模拟阶段，距应用到区域放大实验中还有一定差距，需要进一步依靠技术的支持来实现。

（三）存在的不足之处及未来研究方向

关于有机污染物降解的研究之所以受到国内外的广泛关注，主要是因为该类物质具有潜在的致癌性和致畸性的特点，因此，其是否可以被迅速降解是关系到人们生存环境的大事。有机污染土壤的微生物修复相对于其他修复方法具有天然的优势。目前，关于降解菌的筛选、降解机制、降解基因的分离、降解相关酶的研究较多，但生物修复方面的多数研究仅限于试验阶段，还没有实际运用到污染土壤的修复中。再加上微生物的降解具有针对性，而且受环境条件的影响比较明显，所以导致其在修复有机污染土壤过程中降解能力呈现出不稳定的状态。目前有机污染土壤的微生物修复主要集中在以下几个方面。

由于大多数降解菌对降解对象具有针对性，所以大部分的研究都集中于筛选多功能降解菌的层面，主要是通过对降解途径、机理与生物分解代谢流程进行研究，提高复杂多变的土壤环境，及时发现和防止修复过程中污染物的次生污染问题的产生，避免二次污染的发生。

土壤复合污染一般都具有普遍性、复杂性和特殊性的特点。因此，只依靠微生物修复措施很难达到修复目的，往往需要多种方式以及生物强化手段的共同作用，实现对复合污染土壤的修复。如果是单一的污染土壤，那么通过多途径、多方式强化的形式是可以实现彻底修复的。目前，国内外研究者都将微生物的共代谢修复思路重点放在了好氧菌和厌氧降解菌（特别是多氯联苯修复）的联合修复上。

综上所述，我们可以看出未来有机污染土壤的微生物修复研究趋势将是以现代分析手段为基础，来提高特定菌株降解污染物的能力，并且在应用系统生物学的帮助下进行典型污染物微生物降解的基因组研究，对微生物的遗传多样性与功能基因展开全面分析；在基因诱导变异的基础上对那些具有较强活性和较高繁殖能力的微生物进行诱变，使其逐渐向我们所需要的方面发展，为最终的提高土壤修复能力而做出贡献。

第三节　微生物－植物联合修复

微生物–植物联合修复技术有植物–专性降解菌联合修复和植物–菌根真菌联合修复等几个方面，并且因为其具有的绝对优势，而逐步成为一种具有发展前景的有机污染土壤原位生物修复模式。

一、解读微生物–植物联合修复

微生物–植物联合修复指的是在土壤、植物、微生物的复合体系的共同作用下来降解污染物。另外，该系统除了依赖多种体系进行植物修复，提高降解污染物的速率外，还通过光合作用以及从植物上脱落的含有糖、醇、蛋白质和有机酸等成分的物体为微生物提供足够的氧气和养料，以促进微生物的生长，从而达到加速降解的目的。联合修复技术可以说是承载了土壤过滤器、植物净化器和微生物反应器的综合功能，具有改善土壤肥力，绿化周边环境和提高降解率的作用。

（一）微生物–植物联合修复的作用原理

微生物–植物联合修复的污染物其作用部位主要发生在根区。1964年，Jenny通过观察电子显微镜下根土界面的形态，证明了植物根系、土壤和微生物之间是存在一定联系的。

在植物根系活动的作用下，根际微生物生态系统的物理、化学与生物学性与非根系环境是有明显差别的。如在一定的生长条件下，活的且未被扰动的根释放到根际环境中的有机物，统称为根系分泌物，占年光合作用产量的10%～20%，大致分为3类：①渗出物，主要是一种低分子有机物质，是从根细胞中扩散出来的；②分泌物，即高分子粘胶物质；③分解物与脱落物，指植物脱落的部分（含根系）经过分解后的产物。根系分泌物具有良好的团粒结构，可以保持根际土壤的湿润性。植物可向根际转移氧气，但根际呼吸和有机物质分解消耗氧，根周氧压变低，还原电位高。上述各项条件共同组成了特殊的根周生态环境，我们将其称为根际（1904年，由德国微生物学家Hiitner首先提出）。根际范围随植物种类及土壤气候条件有所不同：影响显著的仅有2～3mm，影响距离达2～3cm；距根越远，根际的作用效果是越来越小的，生态条件与一般土壤的构成也是越来越接近的（蔺昕等，2006）。

根际植物与微生物的相互作用复杂而多变，但在特定情况下还有可能是彼此互为生存条件的，这种相互作用是促进根际污染物降解的重要原因（刘继朝等，2009）。①在植物根际的作用下，通过多种方式达到促进微生物生长与转化的目的。植物根际是微生物生存和供给营养的场所，根际土壤中微生物数量明显高于非根系，但降解污染物的微生物却没有相应增加，因此我们可以看出，影响微生物增加的是根际，而不是污染物。另外，根细胞的死亡还为土壤增加了有机碳，这些有机碳不仅可以起到阻止有机化合物向地下水转移的作用，还可提高微生物对污染物的矿化作用。植物可向根际转移氧气，植物分泌有机物为微生物共代谢提供了基质底物，因此可以加速脂肪烃类、多环芳烃类的降解。土壤微生物本身也具有相对较弱的降解多环芳烃的能力，在植物的作用下，其土壤降解率可以有2%～4.7%的提高。②通过根际微生物的作用，提高了植物根系的吸收效率：植物根和根毛接触的土粒十分有限，一般保持在2%～3%之间，最多不超过5%。生活在根周围密集的细菌群、自根面伸向土壤众多的真菌及放线菌菌系则有很大的表面积，接触的土粒也比较多。

根际微生物的重要作用还体现在积极促进植物根系分泌物的释放上，作用机理主要包括三个方面，分别是：根际微生物影响了根部的代谢活动和根部细胞膜的通透性；微生物还可以适当吸收根部的分泌物，这样就在一定程度上改变了根际养分的生物有效性；微生物还通过对降解土壤中有机污染毒物质改变对金属形态和价态等解毒作用，保护植物免受毒性物质侵害，对作物的生长及产量产生促进效应。

Gunther等（1996）研究了根际污染物快速消解的可能机理，得到了其他科研人员的验证，其作用方式主要包括四个方面：根系生长改善土壤理化性状、增加微生物多样性并富集具有特别功能的菌群、根系分泌物及脱落物提供共代谢降解底物和根系释放酶催化降解污染物。

另外，微生物–植物联合修复具有处理效果好、营养物质能够自动翻新、适合某些特殊环境下的污染修复的优点，但是其也有不足之处，主要表现在修复成本较高、影响因素更多、植物与为上午那个物之间的搭配导致不同程度的协同作用等方面。虽然微生物–植物联合修复技术目前尚不够完善，但其表现出来的优势也是不容小觑的，具有良好的发展前景。

（二）微生物–植物联合修复技术的发展前景

微生物–植物联合修复已经获得了一定的发展，但在实际应用中还有一些问题需要解决，污染物–植物–微生物之间的相互作用关系、原理及控制因素值得进行更深层次的研究，主要的发展前景如图5–8所示。

筛选高效降解微生物菌株，通过遗传学、分子生物学、基因工程等技术手段，提高微生物的生物活性和环境适应能力；表面活性剂、共代谢碳源与能源的选取与效果验证；植物生长菌与污染物降解菌对植物的联合作用；微生物菌群间协同和竞争机制；不同降解功能的微生物复配，以及实际应用生物的群落组成和变化动态。

超积累植物的选育、筛选；应用分子生物学和基因工程技术构建高效且安全的转基因植物；污染物在植物体内转化、分配和归宿；根际微生物–植物联合体之间，以及它们与污染物之间的相互作用机制。

石油–重金属复合污染土壤的微生物–植物联合修复机理研究，如共存重金属活性对微生物降解的影响，微生物降解有机污染物产生的中间产物及其对植物的毒害作用，降解中间产物对重金属形态和价态，乃至重金属的可迁移性的影响，降解中间产物通过吸附、螯合、络合等作用对植物吸收重金属的影响等。

微生物–植物联合修复技术与其他物理、化学修复方法的结合，以及与能提高修复能力和加快进程的技术与措施的集成与示范。

寻找微生物–植物联合根际修复过程中人工可调控的主控因素，如土壤温度、湿度、养分状况等，有效提高联合修复效率；建立与微生物–植物联合生物修复技术相配套的工艺管理措施，指导田间应用。

图5–8　微生物–植物联合修复的发展前景

（三）重金属污染土壤的微生物–植物联合修复

重金属污染土壤微生物–植物联合修复技术由于其自身的特殊性，受到许多因素的制约，主要包括以下几个方面。

1.土壤中重金属污染的特点

重金属的生态环境效应与其总量的相关性不显著，从土壤物理化学角度来看，土壤中重金属的生物有效性不同。在污染土壤中，重金属的生物可利用性、其对植物和微生物的毒性和抑制机理都会对重金属污染土壤植物修复的效率产生影响。

2.植物本身生理生化特性

富集植物可以说是微生物–植物联合修复技术的核心组成部分，通常具有以下五个方面的特性：①即使在接近土壤重金属含量水平下，植株仍需要有比较高的吸收速率和运输能力；②体内可以进行高浓度污染物的富集；③如果可以同时富集几种金属，那是最佳的状态；④生长速度比较快；⑤对病虫害具有较强的抵抗能力（魏树和等，2003）。

目前，世界上发现的超富集植物约有400种，其中主要集中在十字花科，而研究主要针对的植物为芸薹属（Brassica）、庭芥属（Ayssun）及遏蓝菜属（Thlasype）（邢前国等，2003）。

3.根际环境因素

根际，指的是一部分离根表面数微米的微小区域，而且受植物根系活动影响密切。从环境科学角度进行解析认为，可以把根际当作污染环境中的一个特殊的“生态修复单元”。根际环境所包括的因素主要有周围的pH值、土壤微生物的氧化还原能力、根际矿物质及根系的分泌物等，这些因素共同构成了促进植物根系生长的真实外界环境，为微生物–植物修复技术的发展发挥了重要作用。

第六章

土壤重金属污染强化修复技术

重金属污染修复可以利用物理修复、化学修复和采取农艺措施进行调节，其目的就是要把重金属排除本土，或者利用化学物质的转化作用，降低金属的毒性，使其周围的环境风险和人们健康风险降到最低。近年来，我国土壤重金属污染修复技术中，有了长足的发展，按照工艺原理主要可归纳为：物理化学修复、生物修复和农业生态修复三类。本章主要讲解的是物理修复、化学修复以及生态农业中的农艺措施的修复。

第一节　土壤重金属污染物理修复

物理修复技术主要是在土壤的结构性质和重金属的物理性质不同等特性，通过特定物理的手段将其分离出土壤，达到土壤净化的目的，或者可以降低污染物的毒性甚至是把风险控制在最低为最终目的。在引进国外先进技术的同时，我国在这方面也小有成就，国内外的技术相结合，其发挥的作用将会越大。物理修复技术主要包括物理分离修复、蒸气浸提修复、固化/稳定化修复、玻璃化修复、低温冰冻修复、热力学修复和电动力学修复等。

一、物理分离修复技术的简述

物理修复技术是通过重金属对物理特性进行修复的。这种工艺操作简单，廉价是使用最广泛的技术之一。缺陷是在分离方式上没有选择性，比较单一。在一般情况下，此项技术会被初步地选择，用来减少待处理土壤的体积，对后续的工作有其优化的作用。通常来说，此项技术不能彻底地达到土壤的修复程度。其方法具有多种选择性，如粒径分离、水动力学分离、密度分离、脱水分离、泡沫浮选分离、磁分离、重力分离等。

从范围的大小来说，物理修复技术比较适用于较小范围的，如射击场等娱乐场所。从土壤的密度上的较大差异和粒度特征都能使物理分离技术容易从土壤中分离子弹残留的重金属。由于射击场使用的工具，通常是铅和铜金属较多，此两种重金属的密度通常要高土壤的介质密度；而且还有很多弹头还未处理好，不是碎片的形式散落在地上和氧化物进行其物理反应。在此种情况下，会有两种处理方案：

方案一：筛分方式从土壤中去除仍然为原状或仅小部分缺失的弹头，然后再考虑相对于土壤颗粒来说较小的重金属混合物。由于去除这些小的金属混合物需要更加复杂的物理分离步骤，好在其费用不是很高。

方案二：物理分离技术的开展都是基于颗粒直径的。由于个中技术适用粒径范围不同，所以大多技术都比较适用于中等粒径的范围在土壤中进行处理，极少数的技术适合粒径小的质地土壤。大多数技术都比较适合于中等粒径范围（100～1000μm）土壤的处理，少数技术适合细质地土壤。在泡沫浮选法中，最大粒度限制要根据气泡所能支持的颗粒直径或质量来确定。

由于土壤的性质，在土壤里的颗粒粒度范围较小，使用单一的物理分离技术难以获得良好的分离效果，而且物理分离技术在很大程度上过度地依赖于颗粒直径。所以，为了达到分离的目的，必须要结合多重分离技术。在使用土壤修复技术之前，要对土壤以及重金属进行充分的了解，主要原因是物理分离技术的分离性能与待处理土壤的粒度范同和密度差别有很大关联。为此，专业人员做了一个实验，将在室内风干的土壤和一系类标准筛可以快速地获得土壤粒度特征。对于水分含量较高、质地黏重的土壤，首先，可以采用摩擦清洗和湿筛分的方式，确保黏土球落在相应的粒度范围内。然后，再对每一粒度范围内的土壤进行金属及化学分析以确定金属在不同粒度范围内的分布情况。

如果重金属的存在方式以颗粒状存在，就要以土壤的颗粒密度差别来测定了。如果重金属的密度和土壤的密度之间差别很大，要对粒度分级然后重力分离法进行分离。如果不对具体的场地土壤分析的话，则很难预测真正的分离结果。

物理分离修复技术包含的方法很多，其在技术上的优点和缺点以及所需要的设备都不一致，如图6-1所示，是物理修复技术分离方法属性。

- 粒径分离。技术的优点：设备简单，费用低廉，可持续高处理产出；技术上局限性：筛孔容易被堵塞，干筛过程产生粉尘；需要的设备：筛子、过筛器
- 脱水分离。技术的优点：设备简单，费用低廉，可持续高处理产出；技术上局限性：当土壤中存在较大比例黏粒和腐殖质时很难操作；需要的设备：澄清池、水力旋、风器
- 重力分离。设备简单，费用低廉，可持续高处理产出；技术上局限性：当土壤中存在较人比例黏粒和腐殖质时很难操作；需要的设备：震荡床、螺旋浓缩器
- 浮选分离。尤其适合细粒级处理；技术上局限性：颗粒浓度不宜过高；需要的设备：空气浮选塔

图6-1　物理修复技术方法的属性

（一）粒径分离操作方法

此种分离方法是根据土壤的颗粒直径特制的一种筛分离网格，当粒径大于筛网格时，颗粒就会遗留在网上；当粒径小于网格时，就会通过筛子下沉到下面。实际上，筛子要有一定的倾斜度，以方便大颗粒的滑落。比较经典的物理筛分方法是干筛分，如图6-2所示。

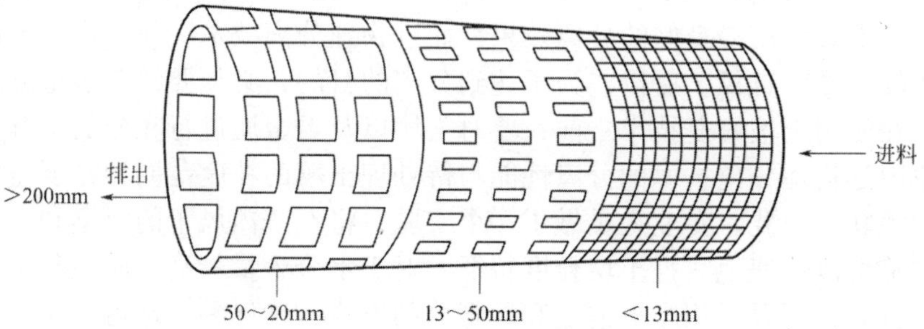

图6-2　干筛物理方法图

（二）脱水分离操作方法

此种物理方法主要过滤的是液体，此种方法有过滤、压滤、离心和沉淀等。具体操作：过滤是将泥浆通过可渗透物，阻滞筒体，让液体流入；压滤是指主要针对固体和液体混合体进行的加压处理，液体可以通过多孔介质中渗透；离心是通过滚筒旋转产生的离心力使固液分离；沉淀是使颗粒在水中沉降，很细小的颗粒由于沉降的速度较慢，为了加快其沉降速度，可在沉淀处理中加入絮凝剂。如图 6-3 所示是水力旋风除尘器操作示意图。

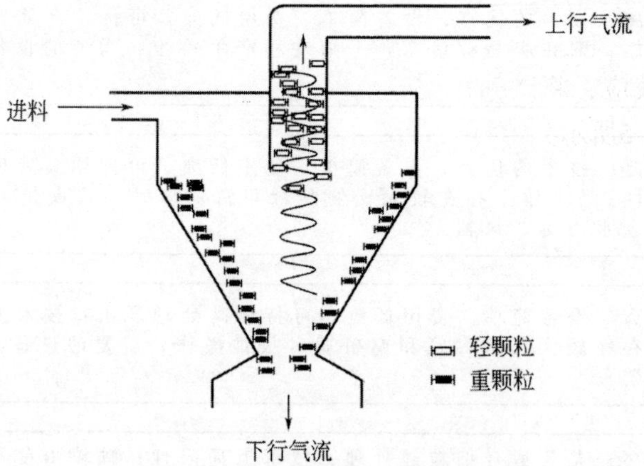

图6-3　水力旋风除尘器操作图

（三）重力分离操作方法

此种分离方法主要是物质的密度，以重力累积的方式将固体的颗粒分离开。影响此种方法的主要因素是颗粒的密度，影响分离效率的主要因素是颗粒的大小以及开关。重力分离经典的设备振动筛，如图6–4所示。

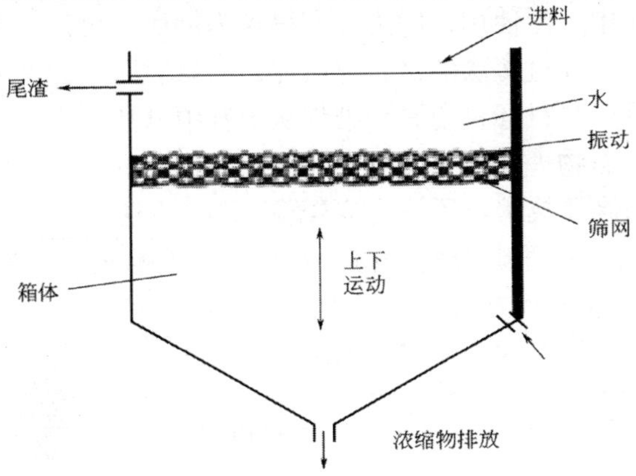

图6–4　振动筛示意图

（四）浮选分离操作方法

浮选分离使用最广泛的方法为泡沫分离方法，主要有固、液、气三相的系统。泡沫分离主要是指根据颗粒表面性质不同，将其中一部分颗粒吸引到目标泡沫上进行分离。固相分离主要是针对矿物质所进行的分离；液相为分选介质，主要是水；气相是为了形成气泡，携带矿粒。一般气体由底部喷射进入泥浆池，这样特定类型的矿物有选择性地粘附在气泡上并随气泡上升到顶部，形成泡沫，进而收集这种矿物。目前重金属污染土壤也开始使用这种修复方式。

（五）磁分离操作方法

磁分离是一种基于各种物质磁性的差别的分离技术。一些污染物本身具有磁感应效应，将颗粒流连续不断地通过强磁场，从而最终达到分离的目的，如图6–5所示为磁分离工作图。

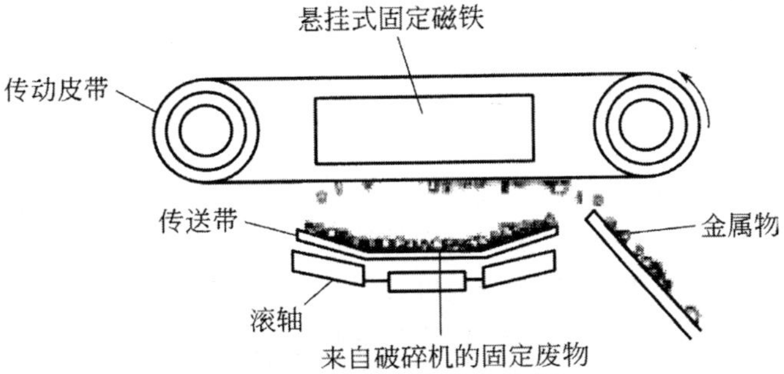

图6–5　磁分离方法示意图

在美国路易斯安那州有一个成功的案例。一个射击场受到中铅和其他重金属的污染，使用的修复技术是物理分离技术（主要是去除颗粒状的重金属）和酸淋洗相结合（主要去除较小颗粒状或者分子甚至是离子等）。这两种方法在采矿业中广泛使用，因为分离得较为彻底，可以使重金属的大小粒子都能分离出去。经过多次的试验与研究，结果表明，此种方法可以在土壤修复中使用，可以将目标重金属污染物从土壤中分离出去。射击场的污染物主要是铅金属，而物理修复技术本身只能满足预期的目标，但在污染点上，为了达到标准的修复技术，还是要结合酸淋洗的方法。

利用酸淋洗法处理土壤前，物理修复技术能够最大限度去除粒状重金属，这样可以通过机械方式，以最少的设备投入和经费投入来修复污染土壤。具体的操作方法有四个步骤，如图6-6所示。

①污染土壤要先在摩擦清洗器中接触团聚结构，以利于接下来的粒度分级和筛分

②粒度分级将土壤先分成粗质地部分和细质地部分，筛子将弹头、大块金属残留物以及其他石砾从粗质地土壤中去除

③将粗质地土壤通过矿物筛，以重力分离方式去除较小的金属物

④用乙酸清洗液冲洗这部分土壤，除去吸附态的重金属

图6-6 酸淋洗操作方法步骤

二、土壤蒸气浸提修复技术

土壤蒸气浸提修复技术，最早由美国的一家科研公司提出，申请专利的时间为1984年。其主要是降低土壤空隙之间的蒸气压，把土壤中的污染物转化为蒸气的形式排出的技术，是利用物理方法去除不饱和土壤中挥发性有机组分（V OCs）污染的一种修复技术，主要适用于挥发性强的化学污染土壤的修复。我们主要从该技术的原理、技术的显著特点以及需要改进的地方三个方面来阐述。

土壤蒸气浸提技术的基本原理是在污染土壤内引入清洁空气产生驱动力，利用土壤固相、液相和气相之间的浓度梯度，在气压降低的情况下将其转化为气态的污染物排除土壤外的过程。它是利用真空的原理，将气压空气流污染通过土壤的孔隙解吸的，最终是在地上进行处理的过程。为了增加空气流和梯度流，很多试验田中将会在污染的土壤里安装干空气注射井。

土壤蒸气浸提技术的显著特点是：可操作性强，处理污染物的范围

宽，可由标准设备操作，不破坏土壤结构以及对回收利用废物有潜在价值等，因其具有巨大的潜在价值而很快应用于商业实践。据统计，为了更进一步了解该技术，美国做了多次试验与研究。在早期，该技术只是研究集中的现场条件的开发和设计，多数凭借经验开发，设计粗糙，出现了很多的缺点；但到了20世纪90年代，该技术得到了快速的发展，已经发展到了数学模型描述土壤介质中的微观传质机理以获取控制气相流动的相关参数；目前，该模式大多数建立在汽液局部相平衡的假定基础上。

三、固化/稳定化土壤修复技术

特别需要注意的是，在使用此方法处理前，对于污染物性质和类型以及存在的形态都要加以分析、预测；更特别要注意的是，金属氧化–还原态的溶解度等。

该技术也是通过实例经验而得出的，有一个在美国的实际案例，如下：

美国威斯康星州马尼托沃克河有一段河受到了多环芳烃及重金属的严重污染。美国一家工程公司进行对河流底泥原位固化修复，具体了解到了该河流的详细信息，深度约6米，如果使用原位固化修复技术需要一个直径1.8米、长为7.6米的空心钢管作作为注射管，使其污染物固化。但是此项技术在实际运作中出现的问题很多，多数为技术上的问题，如管内水面比河流水面高出来很多，大量的悬浮底泥开始从管内上升，需要较长时间的沉降。为了能快速解决这一个问题，在钢管的顶部装了气囊，主要是利用压力将泥浆压回到河流里；但是在实际中，管内压力过大，导致混合过程中底部底泥翻涌溢出。

所以，这项原位固化处理底部泥浆的技术失败了，主要问题如图6–7所示。

①可能是对注入矿渣水泥和灰浆水泥的物料平衡考虑不周，也没有对河流的流速以及对污染物没有详细的调查清楚，更重要的是可能是混合条件及温度控制不利

②在实际操作中，当钢管内的泥浆高于实际水面时，在使用这项操作之前，没有经过小型的试验，也没有对这项操作的各种假设进行分析，问题出现了，直接在管顶安装气囊，利用气压的方式，将泥浆压回水底，结果也没有预测出会使混合物进行翻滚，其之前注射的固化剂/稳定剂没有起到很好的效果，可以说，这次工作为今后类似问题的解决提供了可借鉴经验

图6–7　案例总结图

四、玻璃化修复技术简述

玻璃化修复技术包括原位和异位玻璃化两方面。玻璃化修复技术起初用于工厂，随着试验的成功，才推广到田间试验。经过多此实验研究，得出了该技术的优缺点，如图6-8和图6-9所示。

①原位玻璃化技术指通过向污染土壤插入电极，对污染土壤同体组分给予1600℃～2000℃的高温处理，使有机污染物和一部分无机化合物得以挥发或热解，从而从土壤中去除的过程。其中有机污染物热解产生的水分和热解产物由气体收集系统收集进行进一步处理。熔化的污染土壤（或废弃物）冷却后形成化学惰性的、非扩散的整块坚硬玻璃体，有害无机离子得到固化

②原位玻璃化技术的处理对象可以是放射性物质、有机物、无机物等多种干湿污染物质。通常情况下，原位玻璃化系统包括电力系统、封闭系统（使逸出气相不进人大气）、逸出气体冷却系统、逸出气体处理系统、控制站和石墨电极

③异位玻璃化技术使用等离子体、电流或其他热源在1600℃～2000℃的高温熔化土壤及其中的污染物，有机污染物在如此高温下被热解或者蒸发去除，有害无机离子则得以固定化，产生的水分和热解产物则由气体收集系统进一步处理。熔化的污染土壤（或废弃物）冷却后形成化学惰性的、非扩散的整块坚硬玻璃体

④异位玻璃化技术对于降低土壤等介质中污染物的活性非常有效，玻璃化物质的防泄漏能力也很强，但不同系统方法产生的玻璃态物质的防泄漏能力则有所不同，以淬火硬化的方式急冷得到玻璃态物质与风冷形成的玻璃体相比更易于崩裂。施用不同的稀释剂产生的玻璃体强度也有所不同，被玻璃化的土壤成分对此也有一定影响

图6-8　玻璃化修复技术的优点

①需要控制尾气中的有机污染物以及一些挥发的重金属蒸气

②异位玻璃化技术可以破坏、去除污染土壤、污泥等泥土类物质中的有机质污染和大部分无机污染物

③需要处理玻璃化后的残渣；湿度太高会影响成本

⑤原位玻璃化技术可以破坏、去除污染土壤、污泥等泥土类物质中的有机污染物和固定化大部分无机污染物

图6-9　玻璃化修复技术的缺点

五、热力学修复技术简述

土壤重金属污染热力学修复技术主要是利用热力学方面的知识以及实验而得来的，涉及利用了热传导以及辐射等实现对污染物的修复。该修复技术包含了高温原位加热修复技术、低温原位加热修复技术和原位电磁加热修复技术，其中高温和低温的分界线是100℃的温度，具体阐述如下。

（一）高温原位加热修复技术简述

高温原位加热与标准土壤蒸气提取过程类似，是利用在高温情况下，利用汽提井将水蒸气和污染物收集起来，通过加热毯通过地表进行加热；此外，也可以通过安装在加热井中的加热器进行处理地下深层土壤污染。具体的操作方法如图6-10所示。

① 在土壤不饱和层利用各种加热手段甚至可以使土壤温度升至1000℃

② 如果系统温度足够高，地下水流速较低，输入的热量足以将进水很快加热至沸腾，那么即使在土壤饱和层也可以达到这样的高温

③ 热毯系统使用覆盖在污染土壤表层的标准组件加热毯进行加热，加热毯操作温度可高达1000℃，热量传递到地下1m左右的深度，使这深度内土壤中的污染物挥发而得以去除

④ 每一块标准组件加热毯上面都覆盖一层防渗膜，内部设有管道和气体排放收集口，各个管道内的气体由总管引至真空段

⑤ 土壤加热以及加热毯下面抽风机造成的负压，使得污染物蒸发、气化迁移到土壤表层，再利用管道将气态的污染物引入热处理设施进行氧化处理

⑥ 为保护抽风机，高温气流需要经过冷却，然后再穿过炭处理床以去除残余的未氧化的有机物，最后使之进入大气

图6-10　高温原位加热修复操作图

热井系统需要将电子加热元件埋入间隔2～3m远的竖直加热井中，加热元件升温至1000℃来加热周围的土壤。与热毯系统相似，热量从井中向周围土壤中传递依靠热传导，井中都安装了筛网，所有加热井的上部都有特殊装置连接至一个总管，利用真空将气流引入处理设施进行热氧化、炭吸

附等过程去除污染物。

高温原位加热技术主要用于处理的污染物有半挥发性的卤代有机物和非卤代有机物、多氯联苯以及密度较高的非水质液体有机物等。原位土壤加热修复通常需要3～6个月，因下列条件不同而异：①修复目标要求；②原位处理量；③污染物浓度及分布；④现场的特点（包括渗透性、各向异质性等）；⑤污染物的物理性质（包括蒸气压、亨利系数等）；⑥土壤湿度。

（二）低温原位加热修复技术

低温原位加热修复技术，利用蒸气井加热，包括蒸气注射钻头、热水浸泡或者依靠电阻加热产生蒸气加热（如六段加热），可以将土壤加热到1000℃。蒸气注射加热可以利用固定装置井进行，也可以利用带有钻井装置的移动系统进行。

固定系统将低湿度蒸气注射进入竖直井加热土壤，从而蒸发污染物，使非水质液体（若有的话）进入提取井，再利用潜水泵收集流体，真空泵收集气体，送至处理设施。移动系统用带有蒸气注射喷嘴的钻头钻入地下进行土壤加热，低湿度的蒸气与土壤混合后使污染物蒸发进入收集系统。

热水浸泡修复技术利用的是热水和蒸气注射强化污染物的可移动性。其中热水和蒸气主要用来降低油类污染物的黏度，可以将非水溶性液态污染物带入提取件。热水浸泡系统需要很复杂的提取井系统，在不同的深度同时进行蒸气、热水和凉水的注射，蒸气注入污染层下部以加热非水溶性液态稠密污染物，升温后的密度稍低于水的密度；在热水的作用下向上运动；因此热水注入位置就在污染土壤层周围，借以提供一个封闭环境并引导DNAPL向提取井运动；凉水注射位置在污染层上部，以形成一个吸收层和冷却覆盖层，同时吸收层在竖直方向上提供屏障，以防止上升孔隙中的流体溢出并冷却来自污染层的气体。

利用电阻加热，直接电阻加热（又称欧姆加热）是一种很有发展潜力的方法，它直接通过电流将热量送至污染土层。通过在土壤中安装电极并施以足够的电压在土壤中产生电流实现土壤加热的过程。当电流流过土壤时，电流热效应使土壤升温，土壤中的水分是电流的主要载体，而热量使水分不断地从土体中蒸发出来，因此电阻加热要求不断地进行水分的补充，以保证土壤中水的含量。正因为土壤中水的存在，电阻加热的最高温度为1000℃，挥发性和半挥发性有机物在蒸气提取和升高的蒸气压作用下挥发成气体，进而又由真空提取井收集至处理设施。

低温原位加热修复技术主要处理污染物的对象是半挥发卤代物和非卤代物的非水溶性液态物质。其影响因素有很多种，如图6-11所示。

①渗透性能低的土壤难于处理；地下土壤的异质性会影响修复处理的均匀程度
②在不考虑重力的情况下，会引起蒸汽绕过非水溶性液态稠密污染物，地下埋藏的导体会影响电阻加热的应用效果
③流体注射和蒸汽收集系统必须严格设计、严格操作，以防止污染物扩散进入清洁土壤，蒸汽、水和有机液体必须回收处理；⑦需要尾气收集系统

图6-11　影响低温原位加热修复技术的因素

原位土壤低温加热修复通常需要3～6个月，因修复目标、原位处理量、污染物浓度计分布、现场的特点（包括渗透性、各项异质性等）、液态物质输送、处理能力和污染物的物理性质（包括蒸气压、亨利系数等）等条件不同而异。

（三）原位电磁波加热修复技术

原位电磁波加热修复技术即无线电波加热，其主要利用无线电波中的电磁能量进行加热，过程无需土壤的热传导。能量由埋在钻孔中的电极导入土壤介质中，加热机制类似于微波炉加热。经过改造的无线电发射器作为能量来源，发射器在工业、科研和医疗用波段内选择可用频率，确定具体的操作频率需要对污染范围、土壤介质的介电性质进行评价考察之后才能决定。在正常运行中，完整的无线电加热系统包含了四个子系统：①无线电能量辐射布置系统；②无线电能量发生、传播和监控系统；③污染物蒸气屏障包容系统；④污染物蒸气回收处理系统。

原位电磁波频率加热技术属于高温原位加热技术，主要目的是：利用高频电压产生的电磁波能量对现场土壤进行加热，利用热量强化土壤蒸气浸提技术，使污染物在土壤颗粒内解吸而达到污染土壤的修复。污染物在原位被去除并由气体收集系统收集处理。电磁波频率加热原理是通过电介质（绝缘介质）加热，同时也伴有部分导体加热。除非饱和含水层土壤中的水分得到有效的去除，电磁波频率加热一般只能应用于地下水位的污染地带。

六、热解吸修复技术

此技术是通过直接的方式或者间接的方式将有机污染物加热足够的温度，使污染介质挥发或者分离的过程。此种修复技术的使用范围是气体，如空气、燃气、惰性气体等过加热或者焚烧，在不破坏土壤的情况下进行分离，使用热解吸修复技术需要注意的是不破坏有机物的污染，是通过控制加热吸修复系统进行加热。

污染物通过热解吸收床时，会挥发、分解等。这种技术一般被称为物理分离过程。热解吸系统的有效性可以根据未处理的污染土壤中污染物水平与处理后的污染土壤中污染物水平的对比来测定。

热解吸技术分为两大类：一类是土壤或沉积物加热温度为150℃～315℃的技术为低温热解吸技术；另一类是温度达到315℃～540℃的为高温热解吸技术。目前，许多此类修复工程已经涉及的污染物包括苯、甲苯、乙苯、二甲苯或石油烃化合物（TPHs）。对这些污染物采用热解吸技术，可以成功并很快达到修复目的。通常，高温修复技术费用较高，并且对这些污染物的处理并不需要这么高的温度，因此利用低温修复系统就能满足要求。

用于污染物土壤修复的热解吸系统很多，有的热解吸系统每小时处理量为10～25t，有的热解吸系统每小时处理量为40～160t。所有的热解吸技术均可分成两步：一是加热被污染的物质使其中的有机污染物挥发；二是处理废气，防止挥发污染物扩散到大气。热交换的方式、污染物的种类和挥发气体处理系统不同，热解吸装置也会有差异。加热可以采用火焰辐射直接加热、燃气对流直接加热，采用这两种方式加热的热解吸系统被称为直接火焰加热或直接接触加热热解吸系统。加热也可以采用间接方式，即通过物理阻隔（如钢板）将热源与被加热污染物分开，采用这种方式加热的热解吸系统被称为间接火焰加热或间接接触加热热解吸系统。

热解吸系统有两类，一是给料系统，另一种是批量给料系统。连续给料系统是污染物从原地挖出之后，经过特殊的处理再利用该修复技术进行处理。在实际使用中，连续给料处理是使用最广泛的一种，可以直接加热的方式，进行处理污染物。下面是直接接触热解吸系统和间接接触热解吸系统的内容：

①直接接触热解吸系统——旋转干燥机；

②间接接触热解吸系统——旋转干燥机和热螺旋。

批量给料系统既可是原位修复，如热毯系统、热井和土壤气体抽提设备；也可以是异位修复，如加热灶和热气抽提设备。无论采用哪种修复方式，产生的废气必须在排放到外界之前先行处理。

具体实例：某地采用原位热“并”处理系统在480℃～535℃条件下处理PCB污染土壤，其中PCB的浓度达19 900mg/kg，处理结果为PCB浓度小于2mg/kg，去除率大于99%。

七、电动力学修复技术

此种修复技术是新兴原位土壤修复技术，使用工业区域主要是油类工业和土壤脱水方面的应用。该技术是从饱和土壤层、不饱和土壤层、污泥、沉积物中分离提取重金属、有机污染物的过程。电动力学修复技术主要用于低渗透性土壤的修复，适用于大部分无机污染物，也可用于对放射性物质及吸附性较强的有机污染物的治理。该技术去除重金属元素效率高。在荷兰的实践中，经常使用表面活性剂和其他一些药剂来增强污染物的可溶性以改善污染物运动情况，同样也可以在电极附近加入合适药剂加速污染物去除速率。

电极除去污染物的方法有很多种，如电镀、电沉降等。根据污染物的物理和化学特性，使用适当的方法，再结合实际的预算开支。总之，在使用电极除去污染物时进行综合的对比，采用更加适当的方法。电动力学过程要想起作用，土壤水分含量必须高于某一最小值。初步试验表明，最低值小于土壤水分饱和值，可能在10%～20%之间。试验表明，电迁移的速度很大程度上取决于空隙水中的电流密度，土壤渗透性对电迁移的效率影响不如空隙水的电导率情况及土壤中迁移距离对迁移效率的影响大。而这些特性都是土壤水分含量的函数。电动力学修复过程中利用压裂技术引入氧化剂溶液，也可以在土壤中发生化学氧化修复过程，如图6-12所示。

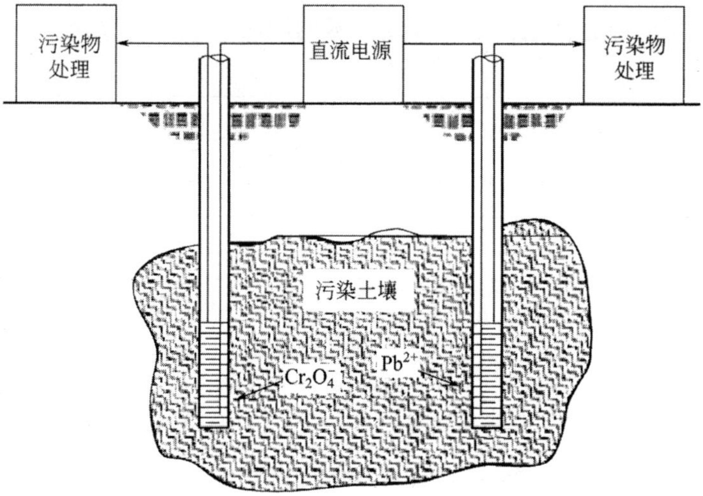

图6-12 电动力学修复技术工作图

电动力学修复技术通常有以下几种应用方法：

①原位修复：直接将电极插入受污染土壤，污染修复过程对现场的影响最小；

②序批修复：污染土壤被运送至修复设备分批处理；

③电动栅修复：受污染土壤中依次排列一系列电极用于去除地下水中的离子态污染物。

不同场合，无论电极如何配置，人们总是倾向于使用原位修复法。每种方法的适用性取决于现场及污染物的具体情况。电动力学修复技术去除水溶性污染物方面的应用效果较好，非极性有机物由于缺乏荷电，去除效果不好。对于均质土壤及渗透性和含水量较高的土壤修复效果最好，特别是盐度和阳离子交换能力较低的场合。因为黏土表面通常荷负电，所以一般情况下处理效果很好。

如前所述，电动力学修复技术在土壤重金属原位去除方面有很大优势，实验室研究和现场中试表明，修复过程中对环境几乎没有任何负面影响，几乎不需要化学药剂的投入。处理每吨或每立方米土壤的成本比其他传统技术（如土壤灌注或酸浸）要少得多。由于该技术对环境无害，还无碍观赏，更容易为大众所接受。但是，这项技术仍需更多的全面试验研究以确定不同场地和污染物情况下该技术的适用性。现场试验评估非常重要，例如，采用电动力学修复技术的修复现场，目标污染物传输系数（目标污染物贡献的电流在总的粒子电流中的比例分数）很关键，至少应该大于0.1%。因此，电动力学修复技术在现场应用之前，必须进行试验研究以确定该现场是否适合电动力学修复技术的应用。具体的操作方法如图6-13所示。

①场地导电性调查。描述现场导电性变化情况，因为埋藏的金属或绝缘物质会引起土壤导电性的变化，进而改变电压梯度。因此，调查现场是否有高导电性沉积物的存在非常重要

②水质化学分析。分析不饱和土壤空隙水的成分（溶解的阴、阳离子及污染物浓度），测量空隙水的导电性和pH值，估计污染物传输系数

③土壤化学分析。确定土壤的化学性质和缓冲能力

图6-13　点动力修复技术操作方法

八、冰冻修复技术

冷冻剂在工程方面使用既广泛又历史悠久，在隧道、矿井及其他一些地下工程建设中，利用冷冻技术冻结土壤，以增强土壤的抗载荷力，防治地下水进入而引起事故，或者在挖掘过程中稳定上层的土壤。在一些大型的地铁、高速公路及供水隧道的建设中，冷冻技术都有很好的应用效果。

不过，通过温度降低到0℃以下冻结土壤，形成地下冻土层以容纳土壤或者地下水中的有害和辐射性污染物还是一门新兴的污染土壤修复技术。在使用这种技术时，要根据实际情况布置管道，管道与管道的距离要等值，围绕着污染源垂直安放，然后开始将冷气输送到污染源冻结土壤中的水分，在0℃以下，有害物质和放射性有毒物质将不会被挥发扩散。这种技术是新兴的技术，冻土屏障提供了一个土壤隔离的空间。此外，还需要一个冷冻厂或冷冻车间来维持冻土屏障层的温度处于0℃以下。

根据实验以及考察表明，此项技术主要优点如图6-14所示。

①能够提供一个与外界相隔离的独立“空间”

②其中的介质（如水和冰）是与环境无害的物质

③冻土层可以通过升温融化而去除，也就是说，冰冻土壤技术形成的冻土层屏障可以很容易完全去除，不留任何残留

④如果冻土屏障出现破损，泄漏处可以通过原位注水加以复原

图6-14　冰冻修复技术的优点

地上的冷冻厂用于冷凝地下冷冻管道中循环出来的二氧化碳等冷冻气体，交换出来的热量通过换热装置排出系统。另外，还需绝热材料以防止冷冻气体与地表的热量传递，以及覆膜防止降水进入隔离区的土壤内部。通常，冰冻层最深可达300m而安装时无需土石方挖掘。在土层为细致均匀情况下冰冻技术可以提供完全可靠的冻土层屏障。

美国科学生态组织在美国能源部修复综合示范项目资金的支持下，进行了一项关于土壤修复技术，使用的就是冰冻修复技术。具体的测试如图6-15所示。

计算机模拟可信度验证的目的。在于比较预测冻土层形成和运动过程中的冰冻土壤的温度和能耗，以证实土壤冰冻计算结果的准确性，进而改善计算过程的参数设置。计算机模拟可信度验证结果：①试验数据与计算机吻合得相当好；②实际电耗与预计电耗相差不多；③就已有的对流传导系数等土壤热力学性质而言，计算机分析是一个很有帮助的工具，它对于确定达到冻土层设计厚度所需时间以及确定设计冻土层几何形状都非常有用，有限元分析对于设计冻土层和冷冻剂选择都非常有帮助

土壤运动情况测试。测量土壤运动和压力变化情况，也可以测定使用加热格网，对土壤运动的影响效果。部分测试结果如下：①计算分析的最大压力为4000psi，碳钢的容许压力为12000psi；②前70t内土壤运动距离为0.5m，与计算机预测值0.37～0.68m比较吻合；③最大抬升高度为0.68m；④加热格网在控制冻土层（冰）向内延伸方向非常有效

扩散和“容器”，泄漏测试。为了计算冰冻土壤在防止有害和放射性物质以水溶性化学形态扩散的效果，专家设计了专门的示踪试验：在冻土层未形成之前，利用荧光物质示踪测定土的水力传导性能；在冻层形成之后，利用若丹明-WT示踪，将结果与对场地的天然土壤中若丹明-WT示踪结果进行比较

冻土层完整性测试（防渗性）测试。主要包括：①土壤电动势测定，以验证冻土层在阻碍离子运动方面的作用（冻土冰冻后导电率降低）；②对冻土层进行地面雷达穿透实验研究，测定冻土层厚度和消长规律。电动势测量显示冻土层离子运动的速率很低，雷达穿透测试显示砂质土壤中冻土层厚3.6~4.6m，黏质土壤中冻土层厚1.5~2.7m

图6-15　实验检测图

以上测试结果表明：①对于饱和土壤层的铬酸盐和三氯乙烯，冰冻技术可以形成有效的冻土层，利用SCs进行同位素跟踪显示无明显的扩散现象发生；②根据以往在土木工程方面的实践，可以预测细颗粒土壤的运动情况；③证实了计算机模拟均质土壤的热传递特性和土壤温度变化的可信度；④利用冰冻土壤的低导电率特性进行电动势研究表明，通过冻土层的颗粒运动速率很低，这表明冻土屏障也是很好的防止离子传输的屏障；⑤以若丹明为示踪剂的扩散实验表明，冻土层的整体防渗性能良好。

第二节　土壤重金属污染化学修复

对土壤重金属污染的修复技术很多，其中，化学修复是在实际应用中最为常见的一种修复技术。本节主要阐述的是化学修复的概念、特点、原理以及方法。

一、化学修复概念及特点

重金属污染土壤化学修复简单来说就是想土壤添加一些改良剂，如石灰、磷酸盐、碳酸钙等，其目的就是为了改变土壤的酸碱值和Eh值合理化，然后再对重金属吸附、氧化还原、拮抗或者沉淀等，降低了重金属对生物和环境的危害。其中的改良剂有很多种，不同的改良剂对重金属的机理不同。和其他的土壤修复技术相比较，化学修复技术是比较早的，相对比较成熟，效果很明显，且周期短。化学修复技术中的主要技术有：化学淋洗技术、土壤化学改良技术、电化学法技术等。

（一）化学淋洗技术

1. 化学淋洗技术的概念与分类

土壤化学淋洗技术是通过淋洗剂将非饱和和土壤表面的重金属污染物清除的方法。化学淋洗根据提取液的不同，可以分为两种，分别是清洗法和提取法。

（1）清洗法。在使用这种方法之前，先对重金属进行评估，目的就是为了能找出和重金属起反应，并产生溶液的一种液体。如果当重金属的污染物已经到达了根系以内，地表水以上时，为了保护地下水，可以用含有能与重金属污染物形成难溶性的使其沉淀的溶液来冲洗土壤。所以使用这种方法要很谨慎，需要研究重金属污染物的性质和污染物所到达的程度，距离地表水的距离，再来挑选适合冲洗的液体。

（2）提取法。这种方法简单，就是使用水、溶剂和淋洗剂注入污染的土壤中，并把这些污染物的水溶液从地表中提取出来，送入污染处理厂进行处理。

按照污染的位置不同，可以将化学淋洗修复技术分为原位修复技术和异位修复技术两种。在化学淋洗剂中，也会根据淋洗剂的不同，进行分类。如化学淋洗剂分为有机化学淋洗剂和无机化学淋洗剂。化学淋洗剂主要是清洗土壤污染物的作用，在日常生活中，好比我们使用的“扫把”，目的是要清除“垃圾”，但是不要破坏土壤的本质结构，防止土壤受到二次污染。目前主要是使用螯合剂和酸这两种清洗剂来处理土壤的重金属修复，使用范围是轻度污染，唯一的是这种处理范围不能深入地表水处理，否则会污染到水源。

2. 化学淋洗技术的影响因素

化学淋洗技术的主要影响因素如图6-16所示。

①重金属赋存状态。土壤中重金属可吸附于土壤颗粒表层或以一种微溶固体形态覆盖于土壤颗粒物表层，或者通过化学键与土壤颗粒表面相结合，或者土壤受到重金属复合污染时，重金属以不同的状态而存在，导致处理过程的选择性淋洗

②淋洗剂的选用。淋洗剂的类型包含有机淋洗剂和无机淋洗剂两大类型。a.有机淋洗剂通常为表面活性剂和螯合剂等，常用来与重金属形成配位化合物而增强其移动性；b.无机淋洗剂通常为酸、碱、盐和氧化还原剂等。

③土壤质地。土壤质地对土壤淋洗的效果有重要的影响。当土壤属于砂质土壤类型时，淋洗效果较好；当土壤中黏粒含量达20%～30%时，其处理效果不佳；而黏粒含量达到40%时则不宜使用。在土壤淋洗技术的实际操作当中，为了缩短淋洗过程中重金属和淋洗液的扩散路径，需要将较大粒径的土壤打碎

图6-16　化学淋洗技术的主要影响因素

3. 化学淋洗技术的特点

化学淋洗修复技术具有清除快、使用时间短、清除彻底、费用较低的特点。现在是污染土壤修复技术中热点和发展的技术方法之一。近年来，随着我国的污染土壤的面积不断扩大，使用的方法也比较多样；但是为了不破坏土壤性质，还是从实际出发，挑选出最适合修复土壤的技术进行修复，清除有毒物质。化学淋洗技术，既能清除污染物彻底，又能避免土壤受到二次污染，所以是我国修复土壤技术的一个重要研究对象。在深入研究中，化学淋洗技术具有以下优点：

①可去除大部分污染物，如重金属、半挥发性有机物、多环芳烃（PAHs）、氰化物及放射性污染物等。

②可操作性强，土壤淋洗技术既可以原位进行也可异位处理，异位修复又可进行现场修复或离场修复。

③应用灵活，可单独应用，也可作为其他修复方法的前期处理技术。

④修复效果稳定，去除污染物较为彻底，修复周期短而且效率高。

但是由于土壤淋洗技术存在一定的局限性，该修复方法也存在如下缺点：

①对土壤黏粒含量较高、渗透性比较差的土壤修复效果相对较差。

②目前淋洗效果比较好的淋洗剂价格较为昂贵，难以用于大面积的实际修复。

③淋洗过后带有污染物溶液的回收或残留的问题，如果控制不好容易造成地下水等环境的二次污染。

（二）土壤改良修复技术

1. 土壤改良修复技术概念

土壤改良技术简单来说就是向土壤里添加改良剂，其目的就是改良土壤中的重金属元素，使其转为化另一种形态，降低土壤中金属离子的可移动性和生物有效性。最终目的就是降低重金属对土壤以及环境的危害以及对土壤污染物起阻止作用。

一般的土壤重金属污染面积较大，各种修复技术涉及的成本过高，土壤改良技术就是适用于污染面积大，如果改良剂能廉价得到，或者对废弃物回收再利用，修复的成本将会降低。改良剂可以分无机改良剂和有机改良剂。无机改良剂有石灰、碳酸钙等；有机改良剂有农家肥、绿肥、草炭以及有机肥料等。

2. 土壤改良剂的分类

在金属化学特性里，由于不同的金属具有不同的化学性质，在特性中离子的移动性常常是用作评估重金属元素在土壤环境中的毒性，尤其在重金属复合污染的土壤中不同金属离子有着独特的移动性能，所以，如果要找到降低金属元素的可移动性单一物质就很难了。经过试验研究，在大量的改良剂中，适合金属离子的有几种，如果改良剂的量越大，对个别离子的固定效果就会越好。最典型的就是将无机改良剂施入土壤中进行改良。

在实际中，改良剂有很多种，总体可分为六类。

①碱性无机改良剂。石灰是一种被广泛采用的碱性材料，施入到土壤里能显著提高土壤的pH值，从而对土壤中的重金属起到沉淀作用，尤其对富含碳酸镁的石灰效果更为显著。

②磷酸盐。磷酸盐类化合物是目前应用较广泛的钝化修复剂。羟基磷灰石、磷矿粉和水溶性、枸溶性磷肥均可降低重金属的生物有效性。它们能通过改变土壤pH值、化学反应等显著降低重金属在土壤中的生物有效性，从而降低其在植物中的积累。

③天然、人工合成矿物。矿物修复指向重金属污染的土壤中添加天然矿物或改性矿物，利用矿物的特性改变重金属在土壤中存在的形态，以便固定重金属、降低其移动性和毒性，从而抑制其对地表水、地下水和动植

物等的危害，最终达到污染治理和生态修复的目的。

④铁锰氧化物。铁锰氧化物、铁屑以及一些含铁锰的工业废渣能吸附重金属，减小其毒性。这些物质可以通过与重金属离子间产生强烈的物理化学、化学吸附作用使重金属失去活性，减轻土壤污染对植物和生态环境的危害。

⑤土壤有机改良剂。施加廉价易得的有机物料对土壤进行修复是一种切实可行的方法。有机物料多为农业废弃物，对其加以利用既可避免其对环境的污染，还可减少化肥的使用，从而降低农业成本。施加有机改良剂可改善土壤结构，提高土壤养分，从而促进农作物生长，发展具有可持续性的生态农业。同时，使用有机物料可减少农作物对重金属的吸收积累，缓解重金属通过食物链对人体健康的威胁。

⑥离子拮抗剂。由于土壤环境中化学性质相似的重金属元素之间，可能会因为竞争植物根部同一吸收点位而产生离子拮抗作用；因此，可向某一重金属元素轻度污染的土壤中施入少量的与该金属有拮抗作用的另一种金属元素，以减少植物对该重金属的吸收，减轻重金属对植物的毒害。

（三）电动化学修复技术

1. 电动化学修复技术概念

电动化学修复技术指向土壤两侧施加直流电压形成电场梯度，土壤中的污染物在电解、电迁移、扩散、电渗透、电泳等的共同作用下，使土壤溶液中的离子向电极附近积累从而被去除的技术。所谓电迁移，就是指离子和离子型络合物在外加直流电场的作用下向相反电极的移动。电渗析使土壤中的孔隙水在电场中的一极向另一极定向移动，非离子态污染物会随着电渗透移动而被去除。在理论的基础上，人们越来越意识到对污染土壤电动修复的发展趋势应是原位修复。原位电动修复技术不需要把污染的土壤固相或液相介质从污染现场挖出或抽取出去，而是依靠电动修复过程直接把污染物从污染的现场清除，这种修复方式的成本较异位修复的成本明显会低很多。

2. 电动化学修复的影响因素

电动化学修复技术虽然原理比较简单，但是其中涉及的物理和化学过程以及土壤组分的性质却使问题变得非常复杂。污染物的迁移量和迁移速度受污染物浓度、土壤粒径、含水量、污染物离子的活性和电流强度的影响；此外，还与土壤孔隙水的界面化学性质及导水率有关。具体影响因素如下：

①pH值。电动化学修复技术的主要不足之处是，阴阳极电解液电解后引起土壤pH值的变化以及实际工程治理成本高等。土壤中的电极施加直流

电后，电极表面主要发生电解反应，阳极电解产生氢气和氢氧根离子，阴极电解产生氢离子和氧气。在电场作用下，H^+和OH^-通过电迁移、电渗析、扩散、水平对流等方式向阴阳两极移动，在两者相遇区域产生pH值突变，形成酸性和碱性区域。pH值控制着土壤溶液中离子的吸附与解吸、沉淀与溶解等，而且酸度对电渗析速度有明显的影响，还可能改变土壤表面电动电位（Zeta电位）。

②土壤类型。土壤的性质，包括吸附、离子交换、缓冲能力等与土壤的类型有关，是影响污染物的迁移速度及去除效率的主要因素。细颗粒的土壤表面，土壤与污染物之间的相互作用非常剧烈。高水分、高饱和度、高阳离子交换容量、高黏性、低渗透性、低氧化还原电位和低反应活性的土壤适合原位电化学动力修复技术。这类土壤中污染物的迁移速率非常低，使用常规修复方法的修复效果差，而电动技术能有效促进污染物的迁移。

③电极。电极的材料、结构、形状、安装位置和安装方式都在一定程度上影响电化学动力修复的修复效果。

一般选用石墨、钛、铂、金和不锈钢等作为电机的材料，因为此种材质具有导电性好、耐腐蚀、不引入二次污染等优点，安置状态一般就是竖着，直接将中空的电极置入潮湿的土壤中，中空的部分为电极井，污染溶液可以从电极井壁的孔隙进入电极井，定时从电极井中抽取污染溶液电极构型直接影响修复单元内有效作用的面积和修复效率。

3. 电动化学修复技术的特点

①电动化学修复技术不涉及外在土壤，在特殊的范围内使用比较方便，是通过土壤中的两极电流来修复的。这种方法对于质地黏重的土壤效果良好，因为黏土表面有负电荷，同时在饱和的土壤中都可应用。

②在使用这种方法之前，需要对土壤进行测定，是否是酸性土壤，因为电动化学修复技术使用的条件是在酸性土壤中进行的。当土壤的缓冲液容量很高时则很难调控到土壤酸性条件，同时土壤酸化也可能是环境保护所不容许的。

③这种技术耗费时间长。如果施用的直流电压较高，则效果降低，这是由于土壤温度升高造成的。

二、化学修复原理及方法

（一）化学淋洗技术

化学淋洗法是将淋洗液注入污染土壤中，使吸附固定在土壤颗粒上的重金属形成溶解性的离子或金属-试剂络合物，然后收集淋洗液回收重金属，并循环淋洗液。

化学淋洗技术对于重金属的重度污染具有较好的处理效果，而且能够处理植物修复所不能到达的地下水位以下的重金属污染。

化学淋洗技术的实现形式包括原位淋洗和异位淋洗。土壤淋洗技术实现的方式不同，其具体实施方法也有很大的区别。在进行重金属污染土壤修复之前，应先对污染场地的重金属污染物分布特征和土壤质地特征进行系统调查，根据实际调查结果确定化学淋洗修复的实施方案。

1. 原位土壤淋洗修复技术

原位土壤淋洗修复是在污染现场直接向土壤施加淋洗剂，使其向下渗透，经过污染土壤，通过螯合、溶解等理化作用使污染物形成可迁移态化合物，并利用抽提井或采用挖沟的办法收集洗脱液，再做进一步处理。原位淋洗技术主要用于去除弱渗透区以上的吸附态重金属。

原位土壤淋洗修复技术的一般流程为：添加的淋洗剂通过喷灌或滴流设备喷淋到土壤表层；再由淋出液向下将重金属从土壤基质中洗出，并将包含溶解态重金属的淋出液输送到收集系统中，将淋出液排放到泵控抽提井附近；再由泵抽入至污水处理厂进行处理。

2. 异位土壤淋洗修复技术

异位土壤淋洗修复技术与原位化学淋洗技术不同的是，该技术要把受到重金属污染的土壤挖掘出来，用水或其他化学试剂清洗以便去除土壤中的重金属，再处理含有重金属的废液，最后将清洁的土壤回填到原地或运到其他地点。美国联邦修复技术圆桌组织推荐的异位土壤淋洗技术主要流程包括以下几个步骤，如图6-17所示。

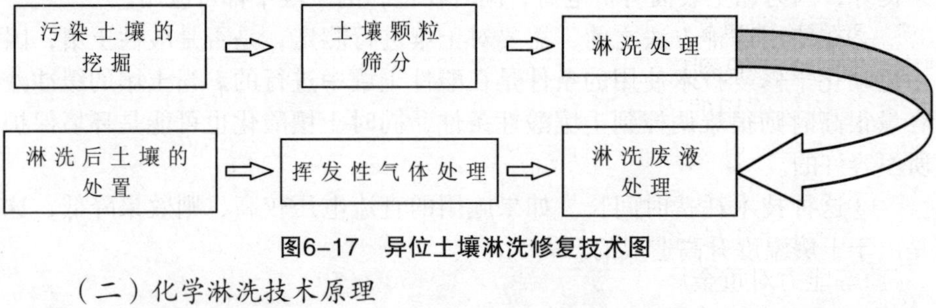

图6-17　异位土壤淋洗修复技术图

（二）化学淋洗技术原理

土壤吸附重金属的机制分为两类：①金属离子吸附在固体表面；②形成离散的金属化合物沉淀。而土壤化学淋洗技术是通过逆转这些反应过程，把土壤固相中的重金属转移到土壤溶液中。添加不同种类的淋洗剂，其修复原理也不同。

①无机淋洗剂，其作用机制主要是通过酸解、络合或离子交换作用

来破坏土壤表面官能团与重金属形成的络合物，从而将重金属交换解吸下来，进而从土壤中溶出。但是较高的磷酸会导致土壤物理结构破坏，使土壤大量的营养物质流失，强酸对设备也有影响。因此化学淋洗技术中无机淋洗剂含有强酸的，既不利于环境，也不利于设备，更不能很有效地改良土壤的物理结构，所以在使用无机淋洗剂时特别注意。

②为了克服无机酸淋洗剂强酸性的危害，越来越多的螯合剂被应用于重金属污染土壤的淋洗修复研究和实践中，且其在土壤淋洗中的地位越来越重要。螯合剂可以通过螯合作用，使土壤的酸碱值的范围与重金属形成稳定的复合物质，在螯合的作用下可以将金属的水溶液被土壤性质所转化，从而达到修复的效果。这样，螯合剂不但可以溶解不溶性的重金属化合物，同时也可解吸被土壤吸附的重金属，是一类非常有效的土壤淋洗剂。

（三）土壤改良修复技术的原理

土壤改良修复技术是通过向土壤中添加一些改良剂，通过沉淀、络合、吸附、化学还原等作用原理钝化土壤中活性较大的重金属，降低重金属的生物有效性，进而达到治理和修复土壤污染的目的。

一般常用的土壤改良剂有碱性物质、磷酸盐类、有机类物质等。不同修复过程和反应机制将对土壤的影响不同，有些改良剂是用来改变土壤的碱性，降低重金属对生物的有效性；有些是增加土壤的酸碱性，使土壤具有稳定性等，所以在使用改良剂之前，需要对土壤的物理性质所有了解，选择合适的改良剂。根据目前的研究，可将改良的作用分为以下几类，如图6-18所示。

在改良土壤所带来的作用的同时，土壤自身的隐私也会影响着改良剂的功效，如土壤的酸碱值、氧化还原电位等。所以，土壤改良剂降低重金属生物有效性通常是通过多种反应机制同时作用产生的修复效果。

理想的改良剂应该具备以下几个条件：

①确保施用的改良剂不会对土壤造成负面的破坏是首要条件，同时，也不会对植物以及生态造成破坏。

②改良剂应具有较高的稳定性，不会随时间和环境的变化而逐渐分解。

③改良剂应具备较强的结合性，即通过较强的转性吸附、沉淀、氧化还原等能力对重金属离子有较高的吸附结合能力。

④改良剂成本应低廉，实际可操作性强。

①化学吸附和离子交换作用。很多修复材料其本身对重金属离子有很强的吸附能力，同时也提高了土壤对重金属的吸附容量，从而降低了重金属的生物有效性。施用石灰等碱性材料后可以提高土壤 pH 值，不仅有利于重金属沉淀物的存在，而且土壤表面负电荷增加，土壤对重金属离子的亲和性增加，从而提高重金属离子的吸附量

②沉淀作用。对于如石灰等碱性修复材料，施入土壤后 pH 值提高，促使土壤中重金属形成氢氧化物或碳酸盐结合态沉淀。土壤中的磷酸根离子也可以与多种重金属离子直接形成金属磷酸盐沉淀，而且反应生成的金属磷酸盐沉淀在很大的 pH 值范围内溶解度都很小，从而降低重金属在土壤中的生物有效性和毒性，富含铁锰氧化物、铁屑以及一些含有铁锰的工业废渣，可以与重金属离子产生强烈的物理、化学作用，通过表面络合和表面沉淀可形成氢氧化物沉淀

③有机络合。土壤中重金属元素在有机物质表面有很高的亲和性，而且有机质富含多种有机官能团，不仅对重金属元素有较强的置换能力，而且还能与重金属形成具有一定稳定程度的金属有机络合物，从而降低重金属污染物的生物可利用性以及植物的吸收。特别是腐熟度较高的有机质可通过形成黏土-金属-有机质三元复合物增加重金属在土壤中的吸附量。有研究发现，土壤中镉殖酸也可以与多种重金属离子形成具有一定稳定程度的腐殖酸-金属离子络合物，而且研究证明施用大分子的腐殖酸较小分子的腐殖酸更能有效地降低重金属的生物有效性

图6-18 改良剂对土壤的作用

三、电动化学修复技术

（一）电动化学修复方法

该技术是新兴的技术，是处理常见的金属如铜、锌、铅等。由于某些方面的局限性，该技术大多在实验室研究阶段，并没有实践到实际的应用中，为了能到达应用的层面上，需要进一步的深入了解和实验研究。电动化学修复去除重金属的方法不能很好地控制土壤体系中pH值的变化以及沉淀的形成，容易堵塞土壤空隙同时使得电压降增加、能耗增加等一系列制约因素，导致电动化学修复去除重金属污染物的效率降低。因此，为了能达到高效率的去除效果，需要一些措施的增加。截止目前，改进的电动化学修复主要包括电极施加pH缓冲液控制方法、电动-化学联合处理法。

（1）电极施加pH缓冲液控制法。就是通过向电极区添加缓冲液控制pH值的方法，降低pH值变化对土壤中离子的吸附与解吸、沉淀及溶解和电

渗析速度的影响，进而可以更好地掌握土壤中重金属的存在形态和迁移特征。研究表明，使用柠檬酸为清洗液进行Cu^{2+}污染土壤的修复，在适宜的操作条件下，Cu^{2+}的去除率可以达到89.9%。但是也有研究表明，经常在电极区加入酸性缓冲液会导致土壤酸化，因此这种方法也有一定的局限性。

（2）电动-化学联合处理法。就是向土壤中添加EDTA等特异性螯合剂或者还原剂，与重金属之间形成稳定的配位化合物，而且这种化合物在很大的pH值范围内都是可溶的，进而增强了重金属在土壤中的迁移性，再利用电动化学法将其去除。在实际修复过程中，螯合剂必须根据特定的环境慎重选择，因为在增强重金属在土壤中的迁移性后其也会被部分植物吸收，反而加重了生态环境的污染。

（二）电动化学修复原理

电动化学修复的基本原理是将电机插入受污染的土壤中，通过电流的作用形成电场，利用电力学的效应使污染物分离出来。同时在修复过程中会发生电极反应：

阳极：$2H_2O-4e^- \rightarrow O_2+4H^+$　　$E_0=-1.23V$

阴极：$2H_2O+2e^- \rightarrow H_2+2OH$　　$E_0=-0.83V$

第三节　土壤重金属污染农艺措施

超富集植物多数是野生植物，通过农艺技术提高植物地上部生物量，将野生超富集植物驯化成栽培作物等，进而可更有效地将农艺技术应用于植物修复。

一、利用水肥进行强化修复

水肥的主要作用就是促进植物的生长，掌握好植物对水肥的需求量以及时间是很重要的。如果过量的施加水肥，会导致位置的根腐烂，抑制植物的生长，所以在植物苗期、花期建议多施加水肥，这个时期的植物需要大量的营养物质，尤其是在花期的植物，是植物对鼎盛时期，需要大量的水分，氮、磷的营养也需要，植物有所吸收了，会修复土壤中的重金属污染。

肥料中的化学成分会和重金属的化学元素互相作用，土壤就会对重金属急性吸附解吸，肥料在这个过程中主要是起调节作用，调节重金属与土壤之间的活性，使重金属的有毒物质尽快地解析出来。在改变重金属在土壤中的活性时，就影响了植物的吸收、富集：在施肥强化植物修复研究中常用的肥料有氮、磷、钾肥和复合有机肥以及CO_2气肥等。

大量的试验研究表明，土壤供磷会降低植物对铅的吸收，这一试验很明显，适当地增加对磷的实施，既有利于植物的生长，也有利于提高干物质产量，从促进了植物对重金属元素向地上表部分运输和富集；还有研究表明，适当地让植物缺少磷元素，这样可以增加植物根系分泌有机酸，这种有机酸可以提高植物提取重金属的效率。

所以，对于肥料的使用，还是在一定的适当范围内。如果过量地进行施肥，不仅不能达预想的结果，还有可能破坏土壤的性质。肥料中的化学物质就会在地表累积，降低了修复的效果。在使用的时候，还需要综合考虑肥料的类型，是否对植物有伤害，是否适合污染的土壤等。如选用生理酸性肥料，如硫酸铵、过磷酸钙、氯化钾，可明显增加植物提取重金属。

二氧化碳施肥具有两种效果：一是可以使农作物产量和生物量增加，增强植物对污染环境的抵抗能力，提高植物生物量，此外还能强化植物对土壤重金属的吸收以及富集某些重金属的作用；二是当大气中的二氧化碳增加时，可以提高植物对水的利用率，促进植物的根系，也影响植物的分泌系统，对植物生理机能也能产生作用。

如果从植物修复土壤的角度考虑，掌握了植物的根系对水分、营养、肥料的吸收规律，就可以合理地施肥，不仅可以促进植物的生长，肥料还可以修复土壤，这对提高超富集植物吸收、富集重金属的能力具有重要的应用价值。

二、植物栽培与田间管理措施强化修复

植物的栽培，不仅是对植物所有深入的研究，还可以进行对土壤进行研究，田间管理主要是对田间进行翻耕（疏松土壤、将杂草等深埋，成为有机物）、刈割、搭配种植等。尤其是轮作搭配种植，不仅可以促进土壤的养分，还可以增加农作物产量。

（一）田间管理措施强化修复

在污染土壤经翻耕后，可以将深层重金属翻到土壤表层根系分布较密集区域，或适当地进行中耕松土，这样既可促进根系生长发育又能改变污染物质的空间位移，促进植物与重金属的接触，从而提高植物修复效果。

对田间做了实验，是用黑麦草对重金属污染土壤进行栽培的实验，结果表明，刈割可以促进黑麦草对铅金属的吸收，而且使铅的总吸收量增加了40%左右。通过双季栽培龙葵生物产量，使得龙葵修复土壤的镉金属，结

果效率提高了10%左右。在实验中，温度、光照、水分（土壤里的）以及空气流通性等诸多因素都影响着植物的生长发育情况。从另外一个角度又做了实验，从植物对环境的反应，可以缩短植物对土壤的修复周期。例如，保持土壤的养分，提高植物对重金属的耐性，进行污泥改良土壤。

（二）间作体系强化修复

1. 间作对土壤的影响

间作是我国传统的精耕细作的农业措施之一。豆科与禾本科植物间作是比较常见的一种间作方式，这种间作方式具有许多优点：

①植物可充分利用光、热、水、气等资源；

②豆科可向禾本科植物转移氮素；

③促进禾本科植物对有机磷的吸收；

④改善作物的铁营养状况；

⑤提高作物的生物量和粮食产量。

也有研究表明，间作对植物的吸收会有好处，同时对重金属的污染有影响。间作不仅可以改变植物根系分泌物，还可以提高土壤中的酶活性，调节土壤中的酸碱值，间接地改变了土壤重金属的有效性，从而最终影响到植物对重金属的吸收。间作的作用效果如下：

①间作改变植物根系分泌物。一方面，一种作物的根系分泌物可以在土壤中扩散到另一种植物的根际，改变根际土壤中重金属的有效性，从而影响另一种植物对重金属的吸收。另一方面，间作可以直接改变植物根系分泌物的种类和数量，改变土壤中重金属的有效性，从而对两种植物吸收重金属均产生影响。

②间作影响土壤中微生物。大量报道证明，植物间作可以提高土壤中微生物的丰富活性，提高土壤重金属的有效性，促进植物吸收重金属。有实验表明，三叶草的枯枝残叶腐烂分解后为土壤提供了丰富的有机碳源，并且能有效调节土壤温度、湿度，改变杂草群落，增加蚯蚓种群数量等。这些都是间作后土壤微生物整体活性增加的重要原因。

③植物间作除了影响土壤微生物的种群丰度外，对微生物种群结构也有一定的作用效果。例如，西瓜与旱作水稻间作，细菌、放线菌及总微生物数量会升高，而真菌数量降低；同时西瓜枯萎病的致病菌–西瓜转化型尖孢镰刀菌数量显著降低，有效防止了西瓜枯萎病的发生。

④间作影响土壤酶的活性。许多研究都表明，植物间作可以提高土壤酶的活性，进一步提高土壤重金属的有效性，促进植物吸收重金属。板栗和茶叶间作、玉米和大豆间作，土壤酶的活性都高于植物单作；玉米和花生间作，土壤酸性磷酸酶的活性显著高于植物单作。

⑤间作影响土壤pH值。一方面，间作可能通过对植物根系分泌物、土壤微生物、土壤酶活性的影响，改变土壤的pH值。另一方面，间作对土壤pH值的改变也反过来影响了植物的根系分泌物、土壤微生物、土壤酶活性。这些因素都不是独立的，它们之间相互影响、互相制约，共同作用于土壤重金属的有效性，影响着植物对重金属的吸收。

2. 间套作体系减少普通作物对重金属的吸收

有些专业人员研究了玉米、青花、白菜和油毛菜间作及套作马铃薯、豌豆和西葫芦对重金属Cd、Pb、Cu累积含量的影响。结果表明，间套作条件显著降低了重金属Cd、Pb、Cu在玉米和蔬菜可食部分的累积含量，与单作相比均下降了30.0%、37.9%和28.6%，说明玉米和不同蔬菜间套模式是抑制作物可食部分吸收累积重金属Pb、Cu、Cd含量的有效措施；但也有研究认为青菜和甘蓝既不适用于修复土壤的重金属（Cd、Pb、Cr、Cu）污染，也不适用于作为食品产出而种植在重金属污染的土壤中。

重金属富集植物与非富集植物种植在一起，能为与之间套作的植物提供一定保护作用。首要提出将重金属超富集植物与低累积作物玉米套种，超富集植物提取重金属的效率比单种超富集植物明显提高，同时玉米能够生产出符合卫生标准的食品或动物饲料或生物能源，是一条不需要间断农业生产、较经济合理的治理方法。

3. 间套作提高植物对土壤重金属的提取

在试验田中，如果将不同的植物种植在一起，也会提高农作物的产量。其主要原因是植物之间也可以调节土壤中的养分，可以互相吸收。试验表明，甘蓝油菜和玉米一起间作，可以提高修复镉的污染能力。因此，间套作方式可以提高植物对重金属的提取效率，这种方式也可以替代螯合诱导植物修复中的化学螯合剂。

将眉豆、扁豆、鹰嘴豆、紫花苜蓿、油菜、籽粒苋和墨西哥玉米草7种作物分别与玉米间作在人工Cd污染土壤上，结果发现：4种豆科作物大幅提高玉米对Cd的富集量，其中眉豆和鹰嘴豆效应最大，它们使玉米富集Cd总量分别达到玉米单作的1.6倍和2.1倍，玉米草和籽粒苋则降低了玉米对Cd的富集；7种间作植物对Cd有不同的吸收水平，其中油菜与籽粒苋可大量富集Cd、Zn。豌豆和大麦混作，豌豆地上部的Cu、Pb、Zn、Cd和Fe浓度分别是单作的1.5倍、1.8倍、1.4倍、1.4倍和1.3倍，混作中大麦的根系分泌物能活化土壤重金属并有利于豌豆吸收。

在重金属（Cd、PB、Cr、Cu）复合污染的土壤上比较研究不同种植模式下植物吸收重金属的特性。结果表明，番茄对土壤中重金属的吸收能力最高，尤其是间作时番茄对重金属的吸收能力还会提高，因此，番茄间作适用于修复土壤重金属污染。与玉米间作的大叶井口边草地上部和根部对As、Cd的吸收有显著提高，同时显著降低了地上部对Pb的吸收. 而地下部对Pb的吸收却有明显增加，尤其以玉米（云瑞8号）的间作效应最显著。

选择适当的植物种类，尽可能提高超富集植物对重金属的吸收，降低与之间作的农作物重金属含量，是植物修复的有效途径。

第七章

土壤重金属污染的丛枝菌根真菌修复技术

丛枝菌根真菌是能与大多数植物共生的一种土壤微生物，在陆地生态系统中，丛枝菌根是分布最为广泛的互惠共生体，其对于维持土质健康、生物多样性尤其是植物多样性以及生态系统的稳定，都具有重要意义。从更深层次而言，由于丛枝菌根真菌不仅只是与植物共生，而且广泛分布于污染土壤之中，且数量庞大。丛枝菌根不仅能增强宿主植物抵御重金属污染能力，而且可以帮助宿主植物来抵抗有害农药等污染物胁迫的能力，从而改变植物对于污染物的吸收和转运，这对污染环境的生物修复有重要意义。同时，丛枝菌根真菌可以改善宿主植物营养，提高植物抗逆性，减少农药和化肥的施用量，在保障农产品质量安全方面也具有较大的应用潜力。

依据最新调查的公告显示，我国土壤环境的总体状况很不乐观，部分甚至有些地区，土壤污染较为严重，土壤环境的质量已经给农耕所需土地带来很大威胁，加上工业和矿业废弃的土地，因为之前的工矿业严重污染当地土壤，导致全国土壤超标率高达16.1%。其中不仅有镉、镍、铜、砷、汞、铅这些重金属污染，还包括农药和石油以及不少多环芳烃等有机物的污染。由于这些日益突出的土壤问题，重金属严重污染耕地的治理工程已经在我国全面启动。

作为环境友好的低成本修复技术之一，植物修复在污染土壤的修复中显示出良好的应用前景，但由于自身的局限，这一技术仍然需要不断发展和完善。作为土壤生态系统中的重要成员，丛枝菌根真菌有利于脆弱生态系统的植被恢复和重建。菌根修复技术将丛枝菌根真菌与植物修复技术联合起来，比单纯植物修复体现出更高的修复效率。

第一节　丛枝菌根真菌概述

一、菌根概述

1885年，Frank将“菌根”的概念提出，是人们开始对菌根进行科学研究的标志。1885～1950年，外生菌根的研究一直处于平稳进展阶段。自20世纪60年代起，外生菌根研究有了快速发展。20世纪80年代以后，菌根研究日益受到重视，菌根研究非常活跃。

（一）菌根的类型与特征

菌根是指土壤真菌通过侵染植物营养根，所形成的微生物于植物共生体，植物便是菌根真菌的宿主。菌根侵染植物营养根在植物界是非常普遍的一种现象，不仅如此，甚至可以说，自然界中相当一部分植物都是土壤真菌侵染植物营养根后生长而成的植物。据不完全统计，在已经调查的植物中，95%的植物都是可以通过土壤真菌侵染营养根，从而可以互惠共生地存在。

1.菌根的类型

根据不同的分类标准，可以将菌根划分为不同种类。如果依据解剖学特征来对菌根进行划分。按照土壤真菌侵染植物营养根之后，在植物体内的着生部位以及不用形态特征可以将菌根分为内生菌根、外生菌根和内外生菌根三种。如果依据菌根的宿主植物所属植物类型来划分，则主要可以可以划分为兰科菌根、水晶兰类菌根和浆果鹃类菌根以及杜鹃花科菌根等种类。因为土壤真菌侵染植物并没有够将所有植物进行统计，所以存在其他菌根类型也是有极大可能性的。

2.菌根的特征

菌根侵染植物营养根一般情况下，只会侵入植物营养根系的表皮部分和植物营养根系的皮层部分，通常情况下是不会侵入中柱的。

相对于外生菌根而言，最明显的特征就是植物营养根内菌丝是不会侵入根细胞内部的，而是在皮层细胞的间隙中，形成密质的网状结构，就是人们所说的哈氏网，植物营养根外菌丝会缠绕在幼根的外面，形成一个菌套，如图7–1所示。

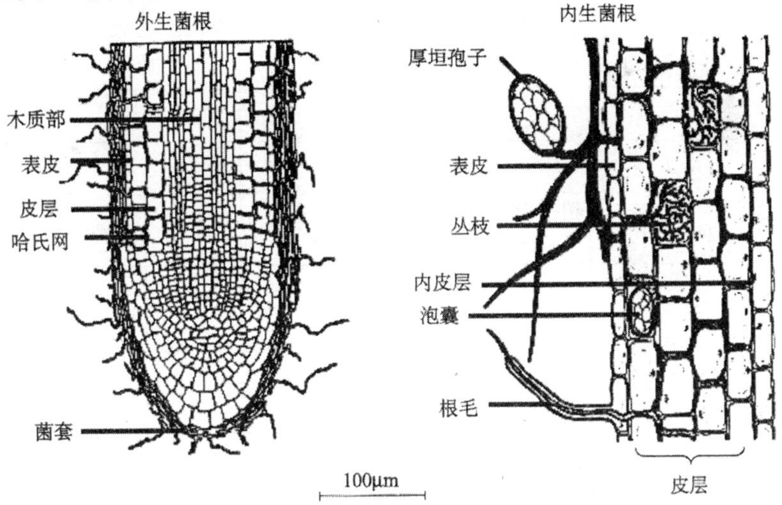

图7–1　外生菌根与内生菌根示意图

内生菌根则与外生菌根不同，内生菌根不仅能够着生在植物营养根系的皮层细胞间隙之中，而且还能够侵入植物营养根系的皮层细胞内，从而使得与土壤真菌与植物营养根细胞原生质膜完成直接接触，用这种方式来完成信息和物质交换。

丛枝菌根、兰科菌根和杜鹃花科菌根都属于内生菌根。丛枝菌根最明显的特征就是可以形成其独有的特殊结构——丛枝。

内外生菌根与外生菌根、内生菌根都不完全相同，但是却同时具备着两种菌根类型的特征。内外生菌根兼具内生菌根和外生菌根的主要形态学，同时内外生菌根还具备着两种菌根类型的生理学特征，内外生菌根的菌丝不仅能够形成菌套结构和哈氏网结构，还可以进入皮层细胞内部形成形状各异的菌丝团。

形成内外生菌根的植物主要有松科、桦木属、杜鹃花科的浆果鹃属和熊果属、水晶兰亚科、鹿蹄草科等木本和草本植物。浆果鹃属和熊果属灌木上形成的菌根通常被称为浆果鹃类菌根，而水晶兰科植物上形成的菌根被称为水晶兰类菌根。不同菌根类型的典型特征见表7-1。

表7-1　不同类型菌根的类型

真菌的特征	菌根类型						
	内生菌根	外生菌根	内外生菌根	浆果鹃类菌根	水晶兰类菌根	杜鹃花科菌根	兰科菌根
菌丝隔膜是否侵入细胞	−	+	+	+	+	+	+
	+	−	+	+	+	+	+
菌鞘	−	+	+（−）	+（−）	+	−	−
哈氏网	−	+	+	+	+	−	−
丛枝	+	−	−	−	−	−	−
泡囊	+（−）	−	−	−	−	−	−
真菌分类	球囊菌	担子菌 子囊菌	担子菌 子囊菌	担子菌	担子菌	子囊菌	担子菌
宿主植物	苔藓植物、蕨类植物、裸子植物、被子植物、蓝细菌	裸子植物、被子植物	裸子植物、被子植物	杜鹃花目	水晶兰科	杜鹃花目、苔藓植物	兰科
宿主有无叶绿素	+（−）	+	+	+（−）	−	+	+（−）

注：“-”和“+”分别表示“无”和“有”；所有兰科植物在幼苗早期都不含叶绿素，大部分兰科植物在生长中期含叶绿素；真菌的结构都是按成熟期的特征来描述的；蓝细菌只与 Geosiphon pyriformis 共生（SchiilBler and Wolf，2005）；

（二）丛枝菌根真菌的结构

丛枝菌根是内生菌根最主要的类型，也是分布最广泛的一类菌根。一般情况下，其菌丝可以在根细胞内形成特殊结构——泡囊和丛枝，因此过去一直称其为泡囊-丛枝菌根。近几年的研究发现，巨孢囊霉科的丛枝菌根真菌不形成泡囊，而丛枝结构是这一类菌根真菌典型的和普遍的特征。因此，现在一般统称为丛枝菌根真菌。丛林菌根真菌的结构主要有菌丝、丛枝、泡囊、孢子、辅助细胞等。

1.菌丝

丛枝菌根的菌丝有根内和根外两种，分布在土壤中的菌丝称为外生菌丝或根外菌丝。根外菌丝如图7-2所示。它是丛林菌根真菌从土壤中吸收养分的器官，菌丝在土壤中的密度、活性及其分布状态，直接关系到丛林菌根真菌的功能。大多数根外菌丝可以存活5～6天。

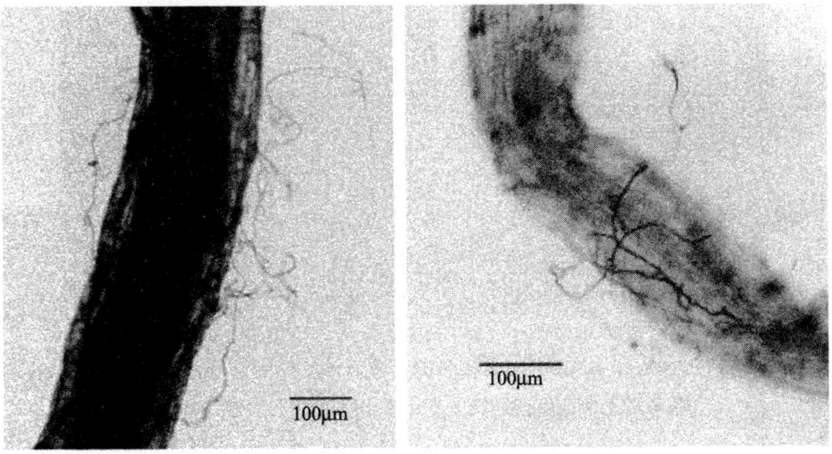

图7-2　根外菌丝

根内的菌丝称为内生菌丝或根内菌丝，内生菌丝又可分为胞间菌丝和胞内菌丝，根内菌丝是植物-丛林菌根真菌共生体进行物质、信息和能量交流的界面。另外，有的菌丝末端可以产生孢子，孢子连接的部分菌丝也称为连孢菌丝。因此，菌丝除了具有运输营养物质的重要功能外，还与孢子的产生有关。

2.丛枝

根内菌丝生长进入细胞内，经过连续的双叉分枝成为灌木状结构，即是丛枝，如图7-3所示。

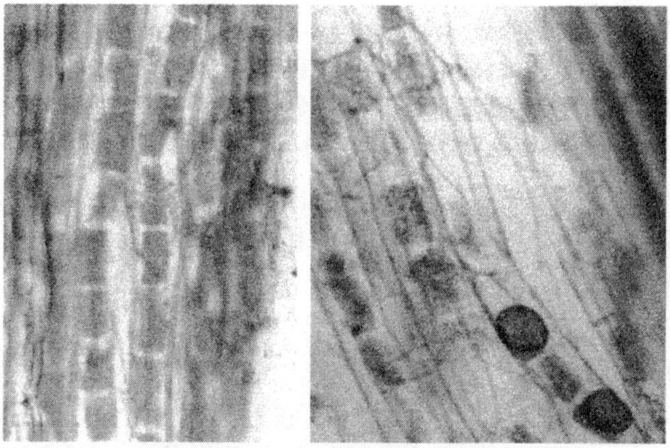

图7-3　小车前根系中的丛枝（A）和囊瓣顶冰花根系的丛枝和泡囊（B）

丛枝是丛枝菌根真菌侵染根细胞组织中后进一步延伸的端点，被认为是植物与丛枝菌根真菌进行物质交换的优势位点或主要场所。因此丛枝的丰富程度与发生强度，被广泛用作反映菌根共生体中功能单位的数量及真菌代谢和功能潜力的指标。丛枝的寿命很短，一般从形成到被植物消化掉只有1～2周。丛枝的类型一般有疆南星型和重楼型两类，如图7-4所示，前者是指在根系皮层内形成大量胞间菌丝，侧生的二叉状丛枝直接透过皮层细胞壁形成典型丛枝结构，胞间菌丝一般是沿着根系伸长方向生长；后者在根内侵染结构主要是菌丝圈，从一个细胞直接进入另一个细胞，丛枝在菌丝圈上产生，很少在细胞间产生。

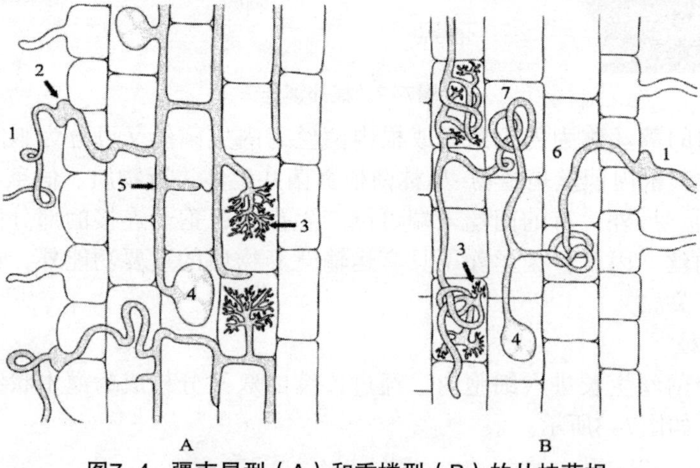

图7-4　疆南星型（A）和重楼型（B）的丛枝菌根

1—根外菌丝；2—附着孢；3—丛枝；
4—泡囊；5—根内菌丝；6—胞内菌丝；7—菌丝圈

3.泡囊

泡囊是由侵入细胞内或细胞间的菌丝末端或菌丝中部膨大而形成直径30～100μm，形状一般呈圆形、椭圆形或方形等，通常有一层泡囊壁使它与菌丝隔开，但是有时候时也与菌丝相通，如图7–5所示。泡囊内有很多油状内含物和细胞质，它是AM真菌储存养分的器官，对某些种也是繁殖器官。有些种的泡囊也可以逐渐硬化为根内孢子。除巨孢囊霉科以外，大多数丛枝菌根真菌都能产生泡囊结构。

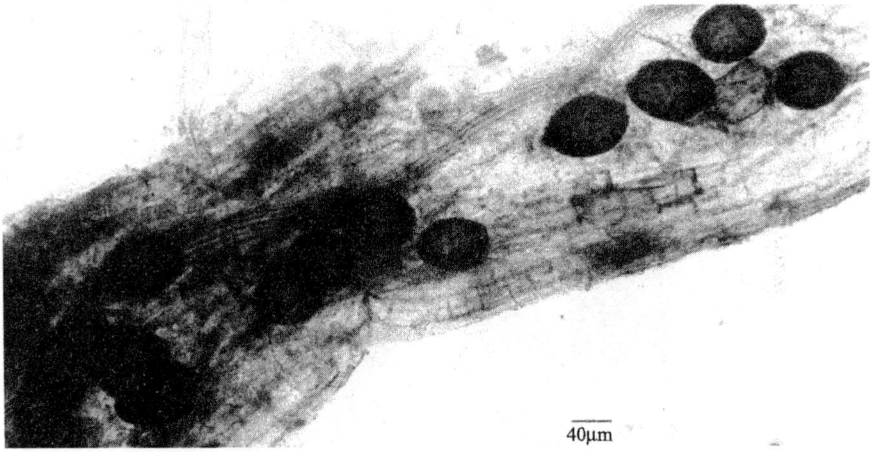

图7–5　根内泡囊

泡囊内有很多油状内含物和细胞质，它是丛枝菌根真菌储存养分的器官，对某些种也是繁殖器官。有些种的泡囊也可以逐渐硬化为根内孢子。除巨孢囊霉科以外，大多数丛枝菌根真菌都能产生泡囊结构。

4.孢子

孢子是丛植菌根真菌最重要的繁殖体，常在菌丝的末端膨大而成，内含储藏性脂肪、细胞质和大量细胞核，如图7–6所示。

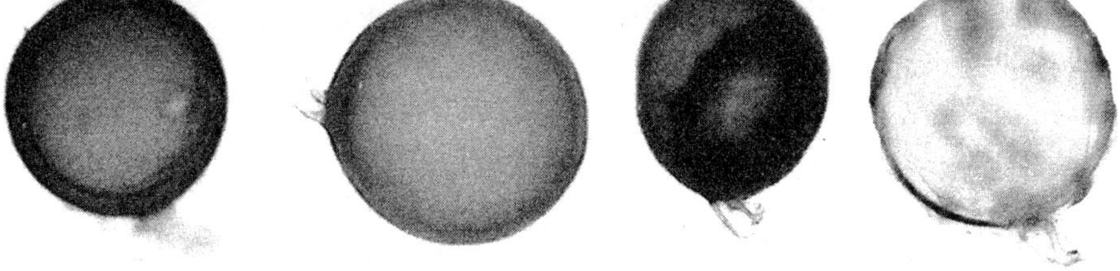

图7–6　几种丛林菌根真菌孢子

孢子一般为圆形或椭圆形，其大小、形状、颜色和孢子壁的结构均因种而异，同种类的孢子壁的层数、厚度、颜色都不相同，因此孢子的上述结构和各种形态特征都是形态分类上的重要依据。

孢子大小多数为100～200μm，最大的孢子直径可达500μm以上。与孢子相连的菌丝称为连孢菌丝，不同属丛枝菌根真菌的连孢菌丝形态有很大差异。不同属的丛植菌根真菌产孢方式不一样，GIomus是在菌丝末端产孢，Acaulospora则在菌丝侧端形成产孢子囊：

孢子常见于根外土壤中，但有些种也常在根内形成根内孢子。数个孢子集合在一起被菌丝包被就成为孢子果，能否形成孢子果，孢子果的形状、孢子的排列方式等特征都与丛枝菌根真菌的种类有关系，也有小孢子存在于大孢子的现象发生。

Wang等人在江苏江都一麦田中分离到的Giomus caledonium孢子中就含有很多Giomus microaggregatum的小孢子，如图7–7所示。

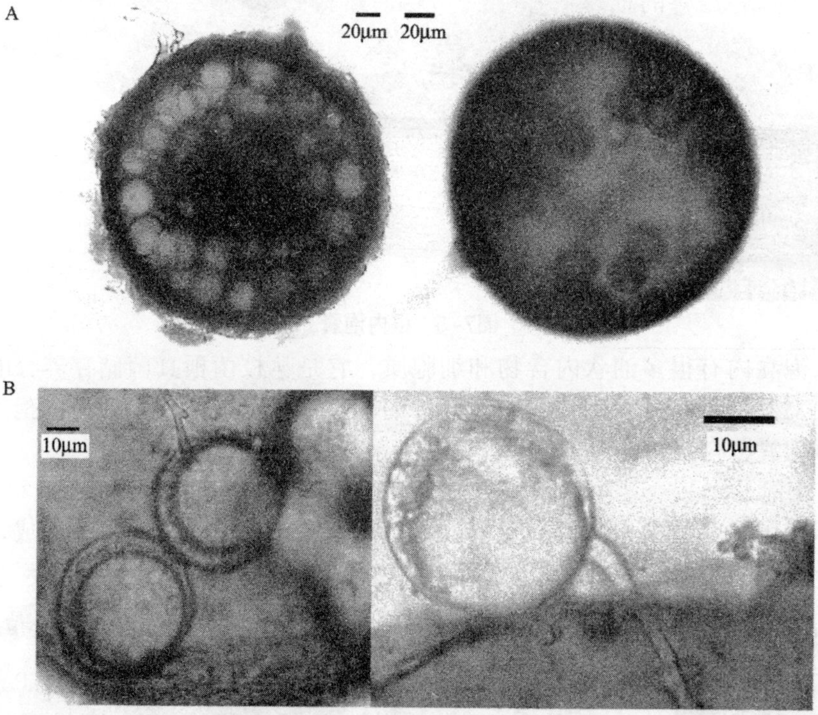

图7–7 含有小孢子Giomus caledonium的Giomus microaggregatum孢子

5.辅助细胞

巨孢囊霉科丛枝菌根真菌繁殖体在萌发但尚未侵染宿主根系的过程中，以及侵入根系后，菌丝会在根外分叉，末端隆起、膨大而形成辅助细胞（也称根外泡囊），如图7–8所示。

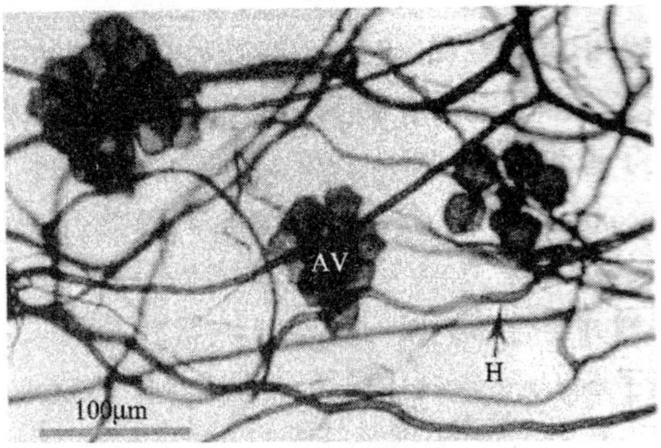

图7-8　巨孢囊霉科的根外辅助细胞

巨孢囊霉科的根外辅助细胞与球囊霉科和无梗囊霉科的根内泡囊一样，被认为是储存营养的器官。

（三）丛枝菌根真菌的分类系统

丛枝菌根真菌早期的分类比较混乱，主要是根据孢子的形态特征，但是孢子特征因年龄而异，地区的差异及宿主的影响会造成分类混乱。近年来，现代分子生物学技术越来越受到重视，为丛枝菌根真菌的分类注入活力。最近，Redecker等对丛枝菌根真菌的分类系统做了一个统一的划分，形成了1纲4目11科25属的最新分类系统，如表7-2所示。

表7-2　丛林菌根真菌的最新分类系统

目	科	属	中国纪录种数量
球囊霉目	球囊霉科	球囊霉属	43
		管柄囊霉属	7
		根生囊霉属	5
		具隔球囊霉属	8
	近明球囊霉科	近明球囊霉属	5
		巨孢类囊霉属	6
		盾巨孢囊霉属	6
		叶盾囊霉属	5
	巨孢囊霉科	内饰孢囊霉属	0
		齿状盾囊霉属	0
		盾孢囊霉属	6
		切特拉囊霉属	2
多孢囊霉目	无梗囊霉科	无梗囊霉属	30
	和平囊霉科	和平囊霉属	5

续表

目	科	属	中国纪录种数量
多孢囊霉目	囊孢霉科	囊孢霉属 多孢囊霉属 耳孢囊霉属	1 5 0
	多形囊霉科	雷德克囊霉属 瘢痕报囊霉属 伞状球囊霉属	1 0 0
类球囊霉目	类球囊霉科	类球囊霉属	2
原囊霉目	地管囊霉科 两性囊霉科 原囊霉科	地管囊霉属	0
		两性囊霉属	4
		原囊霉属	2
未标明位置	内养囊霉科	内养囊霉属	1

（四）丛枝真菌的宿主多样性与分布

1.丛枝真菌的宿主多样性

丛枝菌根真菌的宿主植物范围非常广泛，丛枝菌根可以通过侵染大多数单子叶植物的营养根来形成丛枝菌根，也可以侵染大部分双子叶植物来形成气特有丛枝菌根。调查显示，只有灯芯草科、十字花科等为数不多的几个科的植物不能或者是不容易形成菌根，大部分的植物都可以形成菌根，甚至包括苔藓、蕨类以及一些裸子植物、被子植物，都是能够被丛枝菌根真菌侵染并且形成丛枝。而且在农作物、野生植物、热带植物、极地高山植物、盐生植物、旱生植物、地下芽植物、寄生植物中也都均有丛枝菌根的发现。有研究发现原先被认为不能形成丛枝菌根的苋科、莎草科、石竹科、藜科植物及十字花科植物也能被丛枝菌根真菌侵染，甚至水深植物也是可以形成丛枝菌根的。

我国相对于丛枝菌根真菌的调查，涉及资源包括农作物、经济作物、园艺作物、药用植物、蕨类植物、野生植物和林木等，如表7–3所示。

表7–3　我国报道的AM真菌宿主植物

宿主植物	举例
粮食作物	小麦、玉米、大麦、甘薯、水稻、高粱、荞麦、谷类、燕麦、绿豆等
油料作物	花生、大豆、芝麻等

续表

宿主植物	举例
经济作物	棉花、烟草、桑、茶、麻、向日葵、咖啡、橡胶、胡椒、甘蔗等
果树	银杏、石榴、猕猴桃、苹果、花红、湖北海棠、白梨、杜梨、汕顶梨、桃、李、梅、杏、山杏、中国樱桃、贴梗海棠、山楂、湖北山楂、石楠、草莓、山莓、刺梨、川榛、板栗、果桑、枣、酸枣、葡萄、山核桃、核桃、山茱萸、柿、重瓣石榴、无花果、油梨、杨桃、番木瓜、莲雾、蒲桃、番石榴、余甘、枇杷、杨梅、菠萝、酸橙、金柑、枳、红木黎檬、酸橘、粗柠檬、桃叶芒果、油橄榄、菠萝、香蕉、椰子、椰枣等
蔬菜	茄子、黄瓜、马铃薯、辣椒、韭菜、姜、芹菜、葱、大蒜、丝瓜、苦瓜、豆角、生菜、菠菜、香椿、芦笋、茭笋、石刁柏、荷兰豆、直生刀豆、洋葱、胡萝卜、番茄、青椒、豇豆、菜豆、扁豆、四季豆等
花卉	非洲菊、希茉莉、黄秀凤菊花、建兰、金银花、茉莉花、芦荟、牡丹、野牡丹、青季、三乌、玫瑰、新银合欢、灰金合欢、缅甸合欢、含羞草、非洲紫罗兰、矮牵牛、菊花、勿忘草、三兰、仙人掌、梅等
药用植物	人参、西洋参、枸杞、曼陀罗、荆芥、薄荷、黄芩、芦荟、厚朴、黄连、芍药、牡丹、玄参、白术、紫菀、苍耳、青蒿、白芷、麦冬、郁金、玉竹、百合、射干、白芨、石斛、石蒜、九里香、枳壳、黄柏、吴茱萸、半夏、金银花、补骨脂、栀子、车前草、蓖麻、细辛、益母草等
野生植物	马唐、牛筋草、碱茅、柽柳、狗尾草、车前草、芦苇、荆条、紫穗槐、野菊、瓦松、野艾蒿、野罂粟、山葡萄、酸枣、白茅、鸡眼草、飞蓬、射干、刺儿菜、獐毛、剪股颖、大米草、疏花雀麦、看麦娘、早熟禾、画眉草、升马唐、荩草、金茅、棒头草、白车轴草、海州香薷、蜈蚣草等
牧草	苜蓿、紫花苜蓿、三叶草、羊草、黑麦等
林木	桉树、赤桉、雷林桉、巨尾桉、棕榈藤、杉木、柳杉、水杉、台湾杉、冷杉、栎、槐、柏、杨、竹、毛白杨、西南桦、相思树、砚木、荷树、楠属树木、龙脑香科树木、红树林（海漆、桐花树、秋茄、白骨壤）、银合欢、台湾相思、大叶相思、大叶合欢、金合欢、肯氏相思、刺桐等

丛枝菌根真菌具有生存环境多样、宿主类型多样、繁殖方式多样、代谢类型多样、功能多样等特点。目前国外对丛枝菌根真菌生物多样性的研究已达到分子水平，我国丛枝菌根真菌兰物多样性研究工作与国外相比还有很大差距。但我国地大物博，生态环境复杂多样。开展丛枝菌根真菌多样性研究具有独特的优势。

2.丛林真菌的分布

丛枝菌根真菌的分布是世界性的，广泛分布于各种陆地生态系统中。

除大量存在于农田、森林、果园、菜地、草原、热带雨林、热带原始林、人工林、天然次生林、自然保护区、灌木丛、湿地、高山、低地、海滩、贫瘠土壤外，还广泛存在于各种逆境环境中，如荒漠、酸土、盐沼和盐滩、盐碱地、火山、污泥、火烧迹地、极地海岛等。近年来，各种退化土壤及污染土壤中的丛枝菌根真菌资源也成为研究热点。已经报道的有：煤矿污染土壤、工业污染区、多环芳烃污染土壤、石油污染土壤、废水污染土壤，尤其是各种重金属污染土壤，如Cu、Mn、Ni、Zn、Pb、Cd、Au和U等。在处理有机污染的人工湿地中，也有丛枝菌根真菌存在。我国研究发现，丛枝菌根真菌遍布我国华北、西北、东北、东南和西南等各个地区各种地形的土壤中。事实上，丛枝菌根真菌是全球性分布的。

二、丛枝真菌的在生态系统中的作用

（一）丛枝菌根真菌影响植物的群落结构和多样性

植物影响丛枝菌根真菌的功能、群落结构和多样性，反之，丛枝菌根真菌也深刻地影响着植物系统中的生物结构和组成及其生物多样性。

（二）丛枝菌根真菌与营养元素循环

丛枝菌根真菌可以通过以下几种途径调控碳循环：

①促进贫瘠环境中的植物生长和光合作用，增加植被的碳固定；

②宿主植物的光合产物的10%～20%转移到丛枝菌根真菌；

③丛枝菌根真菌本身含碳量为50%；

④丛枝菌根真菌增加土壤有机质的稳定性。

（三）丛枝菌根真菌促进脆弱生态系统的恢复

丛枝菌根真菌可以提高植物的抗逆能力，如抗盐碱、抗酸、抗病、抗旱、抗重金属等。国内外大量研究证实，丛枝菌根真菌能促进植物在污染、退化等脆弱生态系统中生存，并提高植物多样性，有利于脆弱生态系统的植被恢复和生态系统的稳定。

第二节　丛枝菌根－植物联合修复

一、土壤污染修复技术概述

目前发展较为成熟和应用较广的土壤修复技术可以分为土壤污染传

统修复技术以及前景广阔的土壤污染生物修复技术，其内容涉及玻璃化修复、热处理修复、淋洗修复、同化修复、电动修复、微生物修复和植物修复等，有些修复技术已经进入现场应用阶段并取得较好的治理效果。以下是关于常见各种修复技术的简单介绍。

（一）传统土壤污染修复技术

1.换土法

换土法，即是使用未受污染的土壤来代替已经被污染的土壤，或者是多污染土壤进行部分替换，这样可以达到稀释土壤中污染物浓度的效果，借此措施可以增加土壤环境容量，最终使得土壤功能能够得到恢复的一种方法。

换土法也不止一种方法，可分为换土、翻土、去表土以及客土等不同种方法。换土最为简单，取走即将受到污染的土壤，换成未受污染的土壤即可。翻土则与之不同，翻土主要是用于土壤层较厚的土层，在表土层污染严重时，将表层土进行翻转，这样子表层污染物埋于更深的土层，可以使得污染物得以稀释，防止进一步扩散。去表土是直接将已经被污染的表土移出原地，将被污染土壤进行安置，使得下层土成为新的表土方法。客土则是将未受污染的新土覆盖在已经被污染的土壤上，使污染物浓度降低到危害浓度以下，或者是减少污染物与植物根系的直接接触，从而达到减少污染物对于土壤继续扩大危害的目的。

总的说来，这些方法都属于较为保守的修复技术，并未从根本上治理污染的土壤，对于小面积严重污染，使用上述方法是比较适合的，不过对于换出的已经被污染土壤需要做妥善处理，严格防止二次污染。

2.热处理修复技术

热处理修复也称蒸气浸提，是将受污染的土壤通过加热（常用的加热方法有蒸气、丑外辐射、微波和射频）等手段，降低土壤孔隙内的蒸气压。使土壤中的挥发性污染物转化为气态形式而加以去除的方法。该方法最适用于高挥发性的污染物，如汽油及各种夸机溶剂、重金属Hg等。

3.玻璃化技术

玻璃化技术是指通过热能或者高温，使得已经被污染土壤熔化，进而制作形成玻璃产品或者是玻璃状的物质。在玻璃化技术过程中，有机污染物往往会被燃烧降解，重金属污染物就会被制作成玻璃态物质，这样就可以将重金属污染物永久的固定在玻璃制品中。但是玻璃化技术工程量需求大，而且费用高，也是会严重破坏土壤理化性状和功能的一种技术，所以玻璃化技术只适合用于重金属严重污染区土壤的抢救性修复。

4.电动修复技术

电动修复技术最适用于重金属污染土壤的治理，不过只是针对小面积土壤治理而言。具体操作是：在污染土壤两端通入低压直流电源，利用溶剂电渗、溶质电泳将污染物定向迁移到某一电极附近的富集室，通常情况是阴极室，借此达到使土壤得以修复的一种方法。

5.淋洗法

淋洗法就是把水或某些能促进污染物溶解或迁移的化合物（助洗剂）的水溶液注入已经污染的土壤中，然后再把含有污染物的水溶液从土壤中浸提出来，运送到污水处理场进行处理。当然也可以把污染土壤转移到浸提剂中处理。此方法适用于排除溶解性大的污染物，因此淋洗液的选择是此技术的关键所在。可以针对污染物的溶解性不同，选择水、无机溶剂和有机溶剂进行使用。

6.化学改良

可以利用不同化学改良剂的吸附固定作用、氧化还原作用、催化作用、螯合作用等使土壤中污染物的毒性降低甚至消除，从而达到修复土壤的目的。例如，生石灰加入土壤后可以使土壤的pH值升高，降低重金属的生物有效性，某些化学螯合剂同样具有类似的作用。

7.固化修复技术

可以利用某些同化剂对污染物加以固定。最常用的固化剂如水泥、石灰等。水泥中的硅酸钙和羟基硅铝酸钙等可以与污染物固定，石灰中的氧化钙可以有效固定矿物油污染的土壤。

（二）生物修复技术

1.微生物修复

通常意义上的生物修复即指微生物修复，主要是利用微生物的活动使土壤中的污染物得以降解或转化为低毒和无毒的形态。目前比较成熟的微生物修复方法包括生物处理床技术、生物反应器法及生物通气法等。筛选或利用生物学手段构建具有高效降解污染物功能的工程菌是此技术的关键。许多微生物可以利用多种有机污染物作为碳源，最终降解为CO_2和水，因此，此技术多适用于有机污染物的修复。

2.植物修复

植物修复是指利用植物对污染物的吸收富集、转化固定、挥发及降解等过程使得污染物得以降解或转化为低毒甚至无毒的形态。该技术主要包括以下五种类型：

（1）植物提取，指利用植物吸收污染物（重金属）并在地上部累积，之后将植株（包括地上部和部分根）收获并集中处理，使土壤污染水平得以降低。目前这一技术主要应用于重金属污染的修复，又可以分为基于超富集植物的连续植物提取和化学螯合剂辅助作用的诱导植物提取，研究较多的是超富集植物对重金属的植物提取作用。

（2）植物挥发，利用植物将某些易挥发的污染物吸收到植物体内，然后将其转化为气态物质而释放到大气中，从而使污染土壤得以修复。这一技术主要集中于重金属Hg和Se的治理，对于有机污染物研究较少，而且污染物直接释放到大气中，有二次污染的危险。

（3）植物稳定或植物固定，指利用植物根系及其分泌物累积和沉淀污染物，降低其生物有效性，减少污染物的毒害作用并避免污染物向周边环境进一步扩散。这一技术对于非农业利用的废弃矿山和放射性污染物的修复具有良好的应用前景。

（4）植物降解，利用植物的转化和降解作用使有机污染物最终降解为CO_2和水。在此过程中，植物可以吸收污染物到体内加以降解，也可以利用根系分泌物中的多种酶对污染物直接进行催化降解。

（5）根际降解，利用植物根际的菌根真菌、根际促生菌及各种共生、非共生微生物的降解作用来转化和降解有机污染物。

3.菌根修复

菌根修复实质上是植物修复技术和微生物修复技术的联合应用，具体来说，菌根修复就是利用菌根真菌和植物根系共生的特性，将菌根真菌的作用引入到植物提取、植物稳定、植物降解等各种修复过程中，提高修复效率，强化修复效果。此过程与根际降解不同，根际降解只是针对于有机污染物的修复，而菌根修复的范围则广得多。

总的来说，物理修复和化学修复技术修复效率较高，但是对土壤的理化性状和土壤上植被的破坏也很严重，严重影响了土壤的功能，而且花费较高，也受限于污染物的特性。微生物修复和植物修复的成本较低，不易带来二次污染，通过对植物的集中处理，还可达到回收环境中某些贵重金属的目的，更重要的是不破坏土壤生态环境，使土壤保持良好的结构和肥力，处理后即可种植其他植物；而且植物修复的过程也是植被恢复和绿化环境的过程，易于为社会接受。但是微生物修复和植物修复往往是一个长期过程，效率还有待提高，而且微生物修复对于重金属污染土壤的修复几乎无能为力。因此必须针对污染土壤的实际情况，选择较为适宜的修复技术。各种修复技术的不适用性和局限性见表7-4。

表7-4 某些修复技术的不适用性和局限性

修复技术	技术不适用性		技术局限性
	土壤	污染物	
淋洗法	黏质土和泥炭土	呋喃、多氯代联苯基（PCB）、氰化物、石棉、非金属、杀虫剂、除草剂	土壤必须具有一定的高渗透能力；淋杀虫剂/除草剂、洗剂的二次污染；影响土壤结构和理化性状
热处理修复	黏质土	重金属等无机污染物	只局限于挥发性和半挥发性的有机污染物；影响土壤结构和理化性状
电动修复		某些溶解性差的重金属和有机污染物，土壤深层的污染物	不适合大面积处理土壤；可能影响土壤生态系统的稳定，助修复剂的二次污染
生物泥浆反应器	泥炭土	PCB、金属、氰化物、石棉等无机污染物及腐蚀性物质	影响土壤结构和土壤生态系统健康
生物通气	黏质土和泥炭土	呋喃、PCB、杀虫剂/除草剂、重金属等无机污染物及腐蚀与爆炸性物质	生物通气和营养物质的加入影响污染物的挥发和抽取
植物提取		污染严重导致植物不能生长的土壤；深层污染的土壤	修复效率低；植株收获后处理不当会二次污染
植物挥发		污染严重导致植物不能生长的土壤；深层污染的土壤；不易挥发的污染物	只局限于少数污染物，易造成二次污染
植物稳定		污染严重导致植物不能生长的土壤；深层污染的土壤	没有根本上去除污染物，条件改变时污染物可能重新活化
植物降解		污染严重导致植物不能生长的土壤；深层污染的土壤；不能应用于重金属等无机污染物和难降解的有机污染物	只局限于可以降解的有机污染物

从长远来看，植物修复更具有发展前景，可以复合以微生物和化学调控剂等手段提高植物修复效率。接下来我们主要介绍一下丛枝菌根-植物联合解决土壤重金属污染的修复技术。

二、丛枝菌根–植物联合修复的作用

（一）植物修复技术存在的问题

目前植物修复的核心技术之一，就是基于超富集植物的植物提取，应用范围的局限为：

（1）重金属超富集植物往往根系较浅、生长缓慢、生物量低，而高生物量作物或速生植物往往缺乏对重金属的耐性，无法富集重金属。

（2）超富集植物对生物气候条件的要求比较严格，区域性较强，这使成功引种受到严重限制；而高生物量作物或速生植物受到重金属的胁迫而难以正常生长。

（3）超富集植物的专一性很强，往往只对某种特定的重金属表现出超富集能力；高生物量作物或速生植物专一性不强，但对重金属的富集能力有限；目前的土壤污染往往是复合污染，包含多种重金属、有机污染物甚至放射性元素等，单一的超富集植物对复合污染的修复无能为力。以上局限可能造成土壤修复周期较长或修复效果不佳。

植物修复技术多适用于表层污染土壤的修复治理，对于较深的土壤污染，植物根系可能无法到达，自然无法起到修复效果。

所有植物修复技术污染不能超过植物的生存忍耐极限，在重度污染的地方，植物不能生长或生长羸弱，植物修复技术同样是不能应用的。一般情况下，植物修复常应用于轻中度污染的土壤治理。

（二）丛林菌根技术存在的问题

菌根修复实际上是把菌根技术应用于植物修复中，实质是利用AM真菌与植物根系共生的特点，改善植物营养和生长状况，提高植物对污染物的耐/抗性，加速污染物的降解或吸收，从而提高植物修复效率。而无论是菌根技术还是植物修复技术都存在一定的局限性，因此目前菌根修复技术存在不少问题。

（1）AM真菌的应用范围受限制；

（2）菌根效应的不确定性；

（3）菌根菌剂的生产技术待突破。

（三）丛枝菌根修复重金属污染的强化措施

在植物修复中，重金属污染往往会对植物产生毒害，即使超富集植物在高浓度重金属污染环境中，生长也会受到抑制。施用化学螯合剂可以提高植物修复效率，但同时也带来一定的生态风险。尽管EDTA使植物修复效率提高了，但同时增加了污染地下水的风险，未来应该选择自然连续植物修复。而把某些有益微生物应用于植物修复具有环境友好的特点，是强化植物修复效率的重要手段之一。

1.微生物在菌根-植物修复中的作用

微生物广泛分布于重金属污染土壤中，有些微生物具有很强的重金属抗性，并能影响植物的生长和对重金属的吸收。植物修复技术的成功应用，不仅依赖于植物的选择，根际微生物类群与植物根系的相互作用也相当关键。

微生物对土壤重金属的作用主要有：

（1）微生物可把大分子化合物转化成小分子化合物，这些转化产物对植物根际的重金属有显著的活化作用；

（2）微生物可分泌出质子、有机酸、Fe载体等物质，增加对植物根际重金属的活化能力；

（3）微生物通过氧化还原作用改变根际重金属的形态，增加重金属的生物有效性；

（4）微生物转化Hg、Se、As等为甲基金属化合物，提高植物对它们的吸收，然后通过蒸腾、挥发作用而进入大气中。

2.不同微生物对菌根侵染率的影响

在重金属污染条件下，接种其他有益微生物，一般能促进菌根侵染。

我们从铜污染土壤中分离出了耐铜的细菌（B）和真菌（F），在与丛枝菌根真菌Glomus caledozzium90036（36）、混合土著AM真菌（ZJ）复合接种后，绝大多数情况下增加了海州香薷和玉米的菌根侵染率，如图7-9所示。

3.复合接种有益微生物和丛枝菌根真菌对植物生物量和营养的作用

我们研究了接种不同微生物，以及与丛枝菌根真菌复合接种对海州香薷和玉米生长的影响，结果发现：对海州香薷来说，除36和36+ZJ处理外，其他接种处理都显著增加埴株地上部干重，尤其以ZJ+F和36+ZJ+F处理效应最为显著；对于根系干重来说，6+ZJ处理没有发生显著变化，其他接种处理都显著增加植株根系干重，尤以36+ZJ+F处理效应最为显著，如图7-10所示。

对玉米来说，接种处理没有显著增加植株地上部干重，ZJ+F、ZJ+B、ZJ+F+B等几个处理还降低了地上部干重。36+F、36+ZJ+F、36+ZJ+B、36+ZJ+F+B等接种处理增加了根系干重，其他处理与对照间没有显著差异，如图7-11所示。

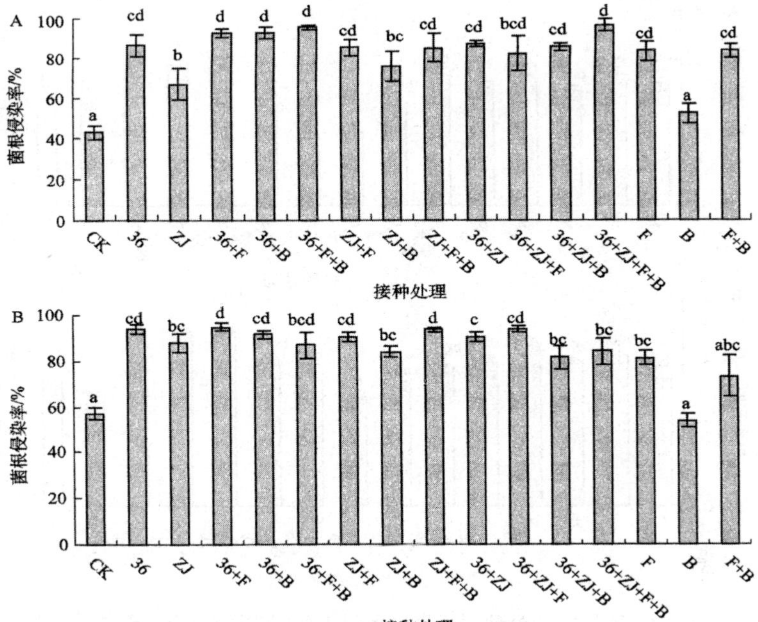

图7-9 不同接种处理海州香蕾（A）和玉米（B）的菌根侵染率

图中柱形上方竖棒表示标准误差，不同字母表示在 P<0.05 水平差异显著

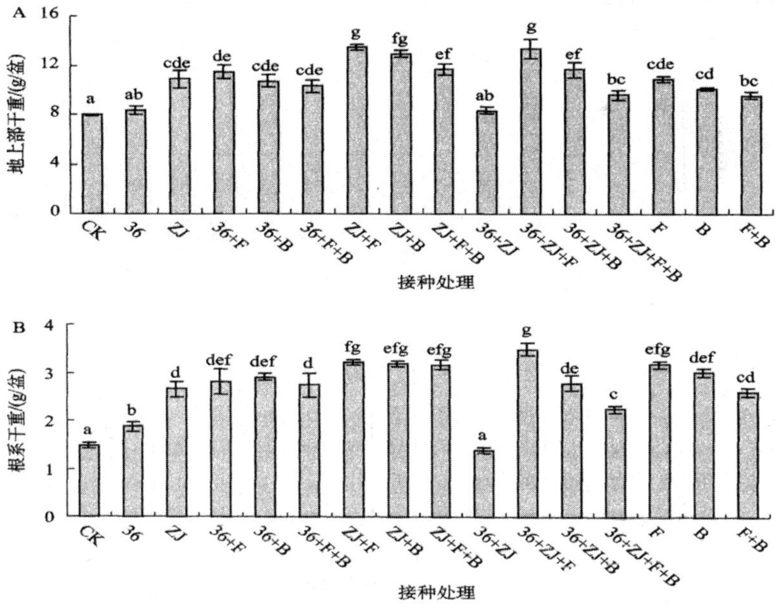

图7-10 不同接种处理对海州香薷地上部（A）和根系（B）干重的影响

图中柱形上方竖棒表示标准误差，不同字母表示在 P<0.05 水平差异显著

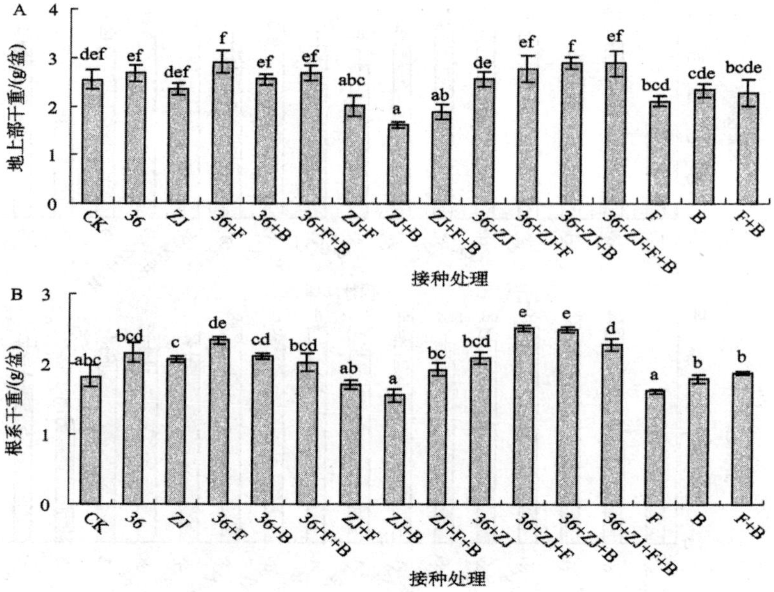

图7–11　不同接种处理对玉米地上部（A）和根系（B）干重的影响

图中柱形上方竖棒表示标准误差，不同字母表示在 $P<0.05$ 水平差异显著

与对照相比，大多数接种处理都显著改善海州香薷地上部和（或）根系P营养，但不同接种处理之间有较大差异，如图7–12所示。

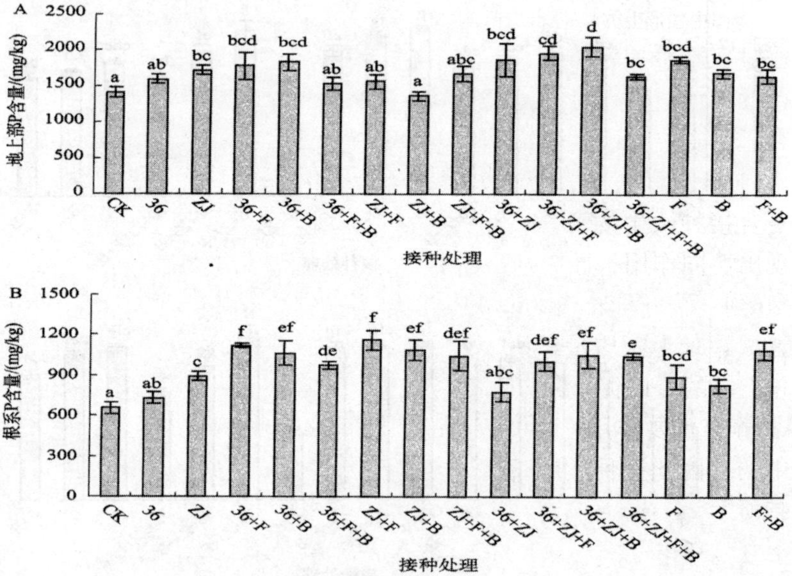

图7–12　不同接种处理对海州香薷地上部（A）和根系（B）P含量的影响

图中柱形上方竖棒表示标准误差，不同字母表示在 $P<0.05$ 水平差异显著

大多数接种处理没有显著影响玉米地上部和根系P含量，如图7-13所示。

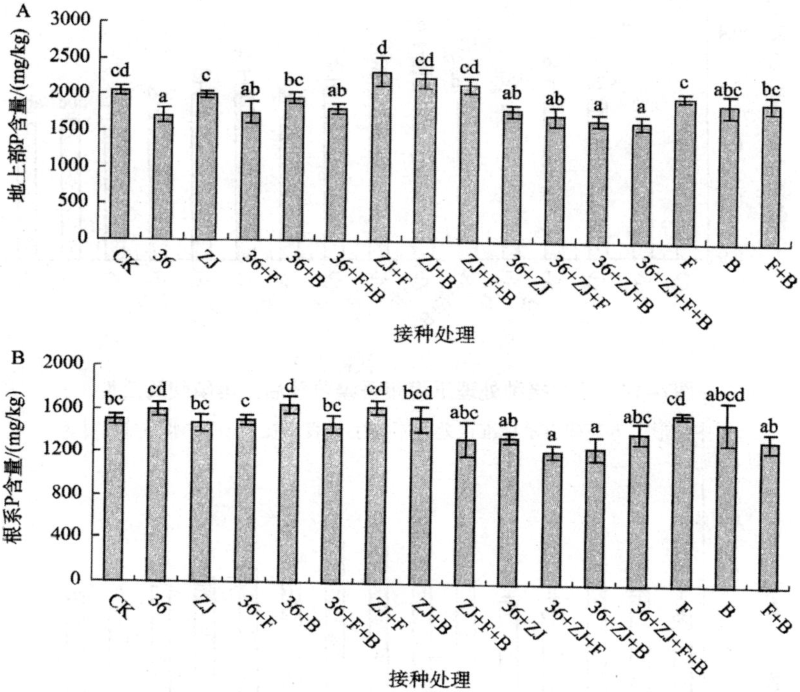

图7-13　不同接种处理对玉米地上部（A）和根系（B）P含量的影响

图中柱形上方竖棒表示标准误差，不同字母表示在 $P<0.05$ 水平差异显著

通过在重金属污染条件下，我们可以发现接种其他有益微生物往往比单独接种丛枝菌根真菌更能改善植物营养状况，促进植物生长。

4.复合接种有益微生物和丛枝菌根真菌影响植物生长和重金属耐性的机制

复合接种微生物和丛枝菌根真菌在促进植物生长、提高植物耐性等方面表现出协同作用，原因之一可能是这些微生物可以通过某些途径影响AM真菌孢子萌发、侵染、菌丝生长及菌根形成等。

土壤酶是土壤质量的重要指标。土壤磷酸酶可以促进有机磷向无机磷的转化，脲酶可以促进尿素水解为植物可利用的N，因此这两种酶对植物的P、N营养有重要作用土壤酶一般是由植物根系或土壤微生物合成并分泌到土壤中的，因此接种微生物可以直接或间接改变土壤酶活性。如图7-14至图7-17所示。

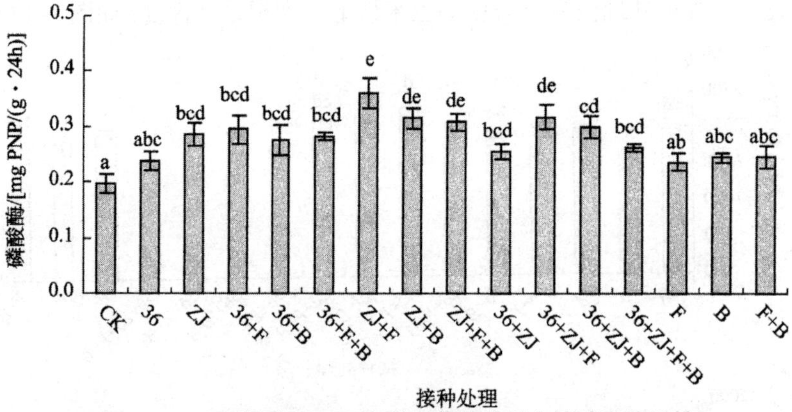

图7-14　不同接种处理下海州香薷收获后土壤磷酸酶活性

图中柱形上方竖棒表示标准误差，不同字母表示在 P<0.05 水平差异显著

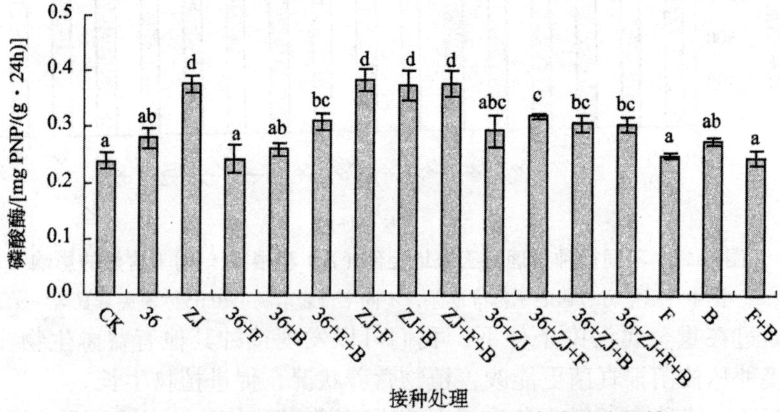

图7-15　不同接种处理下玉米收获后土壤磷酸酶活性

图中柱形上方竖棒表示标准误差，不同字母表示在 P<0.05 水平差异显著

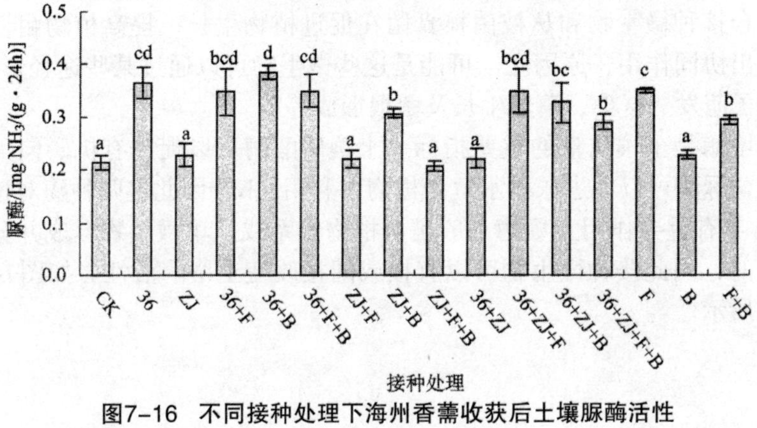

图7-16　不同接种处理下海州香薷收获后土壤脲酶活性

图中柱形上方竖棒表示标准误差，不同字母表示在 P<0.05 水平差异显著

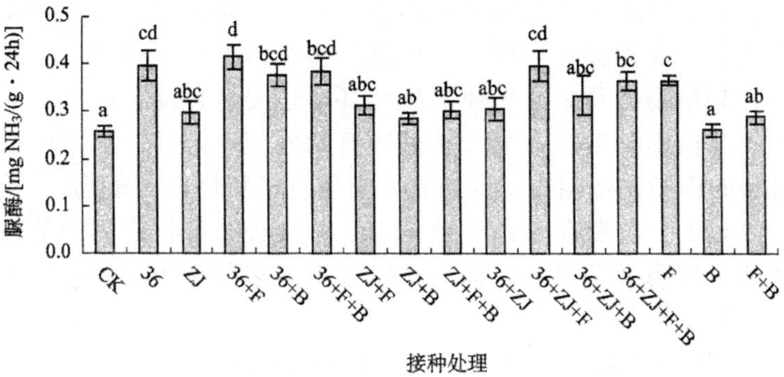

图7-17　不同接种处理下玉米收获后土壤脲酶活性

图中柱形上方竖棒表示标准误差，不同字母表示在 $P<0.05$ 水平差异显著

结果同样发现，接种丛枝菌根真菌或其他微生物大多可以增加磷酸酶活性，这或许就是丛枝菌根真菌和其他溶P微生物能改善植物P营养的机制之一。此外，还有多个接种处理增强了脲酶活性，这意味着接种这些微生物也可能改善植物的N元素营养。Moreno等认为这两种酶对重金属较敏感，容易被重金属抑制，可以作为土壤重金属毒性测试的指标。因此，可以认为接种微生物降低了土壤重金属的毒性。

5.小结

无论是从食品安全的角度出发，还是从植物稳定的角度出发，复合接种土壤微生物或者是丛枝菌根真菌，一方面，对于降低植物对重金属的吸收和转运都具有积极的意义；另一方面就是针对于有机污染土壤的菌根修复来说，复合接种不同微生物或者是丛枝菌根都是有利于土壤微生物群落的恢复和建立，这是阻止污染物进行不断扩散，加速污染物降解的前提，也是对于土壤修复和污染物治理的有效途径。

针对植物修复来说，前提必须是植物可以在污染土壤中存活，并且健康生长，但是在污染土壤中，大多数植物对于N、P营养的吸收可能受到限制，这样就会导致植物在污染土壤上的定植受到制约。

如果采用复合接种丛枝菌根真菌和其他有益微生物菌种，是可以有效提高土壤酶的活性，这对于植物生长环境的改善是非常有用的，同时还可以增强植物对污染物的耐性，无疑会对植物修复产生积极作用。

在完成复合接种微生物，以及复合接种丛枝菌根真菌的植物修复工程中，现阶段研究，对于丛枝菌根真菌和其他微生物的生理生化以及分子机制的了解都过于层次太浅，需要我们不断进行深入研究。而且，不同菌株和真菌侵染植物营养根所形成的互惠共生体而言，其生物学特性和生理特征还是可能受到环境和污染的影响后，发生改变也是不可预知的，尤其是在田间条件下，环境的相关因素和影响因素都很多，复合接种微生物所产生的效应可能会受到抑制。所以对于复合接种微生物或者是接种丛枝菌根真菌而言，其植物或真菌共生体的生长环境也要进行深入研究，并且不断优化各种农艺措施，来发挥复合接种应有的效应。此外，丛枝菌根真菌与微生物之间的作用，可能会受到植物本身生物学特性以及植物-真菌共生特性的影响会较大，需要深入研究植物与这些接种微生物之间的关系，针对不同植物和土壤污染情况进行筛选，以选出更多更有效的微生物来进行复合微生物接种。

（四）菌根修复技术的研究重点和未来探索方向

目前，菌根修复技术的研究正向以下几个方面转变：

①从现象研究向机制尤其是分子和蛋白质机制研究发展；

②从普通植物的研究向超富集植物和转基因植物的研究发展；

③从单一污染的修复研究向复合污染的修复研究发展；

④菌根技术和其他修复技术在植物修复中的复合应用；

⑤从理论研究向理论与应用研究相结合发展；

⑥基因工程技术的应用。

第三节 丛枝菌根对多环芳烃污染土壤的修复

一、多环芳烃简介

多环芳烃是一种稠环化合物，因为多环芳烃都是指两个以上，或者是两个苯环的化合物，苯环之间以线状与角状又或者是簇状排列而成。

在被污染的土壤中，经常会有多环芳烃存在，而且多环芳烃是属于一种有毒污染物存在于污染土壤中，大量广泛地危害着土壤。土壤中多环芳烃污染物主要是来源于一些有机物，当这些有机物进行热解过程或者是进行燃烧过程时，如果热解过程或者是燃烧过程不彻底就会产生多环芳烃，进入土壤并形成污染。

在全世界范围内，每年都会有大约4.3×10^4吨多环芳烃的污染物，经过有机物燃烧或是热解不完全，产生并释放到大气中；与此同时，还有着2.3×10^5吨的多环芳烃会被产生并且进入海洋环境。因为多环芳烃具有很高的亲脂性，所以进入海洋中的多环芳烃，大部分都会被分配到生物体或是与一些海洋沉积物混合在一起，而且会随着进入生物体通过食物链进入人体，对人体健康会是很大的潜在危害。这一方面已经引起了各国环境科学家的高度关注。多环芳烃属于一种很难进行降解的有机物，而且，多环芳烃的降解难度是会随分子质量的增大而加大，多环芳烃的环数增加也是会一定程度上增加它的降解难度的。

土壤中的多环芳烃来源有工业源、交通源、农业源和自然源等，但人为的化石燃料和有机物质的不完全燃烧是土壤多环芳烃的主要来源，包括炼焦和石化工业的催化裂解、炭黑和沥青的生产、垃圾焚烧、交通运输等。此外，污水灌溉和废弃物的土地利用也是多环芳烃进入土壤的另一重要途径，我国从20世纪50年代开始，先后在全国建立了面积达$1 \times 10^4 km^2$的污灌区，长期污灌可造成土壤多环芳烃的普遍积累，多环芳烃的最高值主要集中在渠首。

二、多环芳烃对丛枝菌根的影响

多环芳烃的生物毒性与分子质量和分子结构密切相关，对丛枝菌根真菌具有一定生物毒性，影响孢子萌发和菌根侵染。在水琼脂培养条件下，菲显著降低了Gigaspora margarita孢子萌发和菌丝长度，孢子萌发率降低了90%以上；在浓度为100μg/ml的苯并[a]芘中，孢子萌发率降低了42.8%。但萌发孢子的菌丝暴露在75μg/ml、100μg/ml时反而更长。苯并（a）芘没有影响菌根或对照植物的干重。菲污染显著降低红三叶地上部生物量，但根系生物量变化不大，而且菌根侵染较好；但黑麦草及其共生体受影响较小，说明菲三勺菌根毒性与宿主种类密切相关。

Desalme等研究了多环芳烃大气污染对土著丛枝菌根真菌侵染力的影响，通过脂肪酸构型分析表明，苯并（a）芘对根内丛枝菌根真菌发育不利。苯并（a）芘会影响膜脂代谢，在苯并（a）芘污染条件下丛枝菌根真菌可以活化三酰甘油的生物合成以补偿储藏油脂的消耗，同时脂肪酶活性增加。丛枝菌根真菌可能通过两种途径来应对苯并（a）芘的毒性：

①为膜的再生或者苯并（a）芘的转运和降解提供碳骨架和必要的能量；

②通过激活细胞防御中的磷脂酸和已糖代谢。

三、丛枝菌根对多环芳烃污染土地的修复作用

丛枝菌根真菌可以在多环芳烃污染土壤中存活并发挥积极作用，如促进植物生长、提高植物存活率、减轻多环芳烃对植物的胁迫、加速多环芳烃降解等。

利用体外培养试验研究发现，给韭葱接种3种丛枝菌根真菌对基质中芳香烃污染物苯、甲苯、乙苯和二甲苯残留的影响，结果发现，接种丛枝菌根真菌后基质中的污染物显著减少，而不种植物或不接丛枝菌根真菌的处理中，污染物残留量较高。

丛枝菌根的降解能力可能与丛枝菌根真菌侵染能力有一定关系。杨婷等在温室盆栽条件下研究了接种Glomus caledonium90036和多环芳烃污染土壤土著丛枝菌根真菌对豆科植物紫花苜蓿与禾本科植物黑麦草修复多环芳烃污染土壤的影响。供试土壤采自江苏无锡安镇某受工业废水污染农田的表层土壤（0~20cm），多环芳烃含量为13.3mg/kg。结果发现，接种外源丛枝菌根真菌Glomus caledonium90036显著提高紫花苜蓿和黑麦草的丛枝菌根真菌侵染率并促进植物生长，而接种土著菌剂或土著菌剂与Glomus caledonium90036双接种对丛枝菌根真菌侵染和植物生长没有促进作用，甚至降低了黑麦草苗期丛枝菌根真菌侵染率，如图7-18所示，不同接种的植株生物量如图7-19所示。

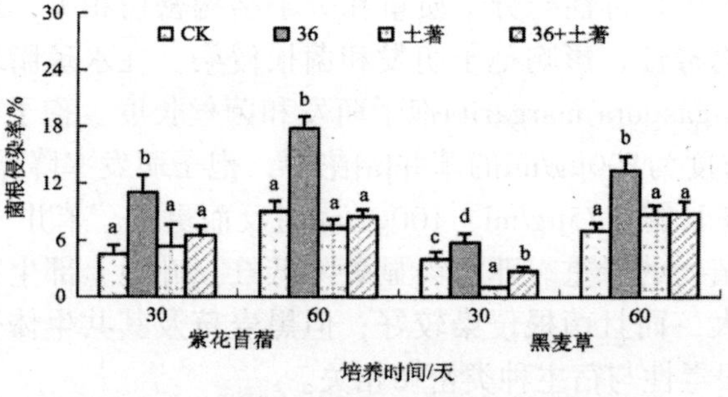

图7-18 不同接种处理的丛林菌根真菌侵染率

CK—对照；36—接种 Glomus catedonium90036；土著—接种土壤丛枝菌根真菌；36+ 土著—联合接种 Glomus caledonium90036 和土著丛枝菌根真菌；竖棒上不同字母表示同一植物同一时期在 $P<0.05$ 水平差异显著

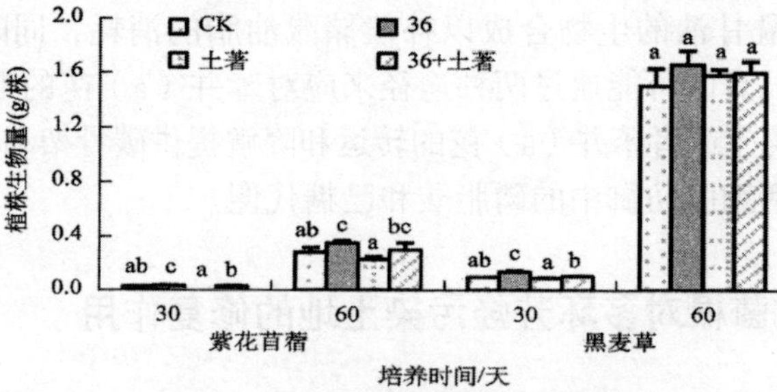

图7-19 不同接种的植株生物量

CK—对照；36—接种 Glomus catedonium90036；土著—接种土壤丛枝菌根真菌；36+ 土著—联合接种 Glomus caledonium90036 和土著丛枝菌根真菌；竖棒上不同字母表示同一植物同一时期在 $P<0.05$ 水平差异显著

种植黑麦草和紫花苜蓿促进了土壤中多环芳烃的降解，如图7-20所示。

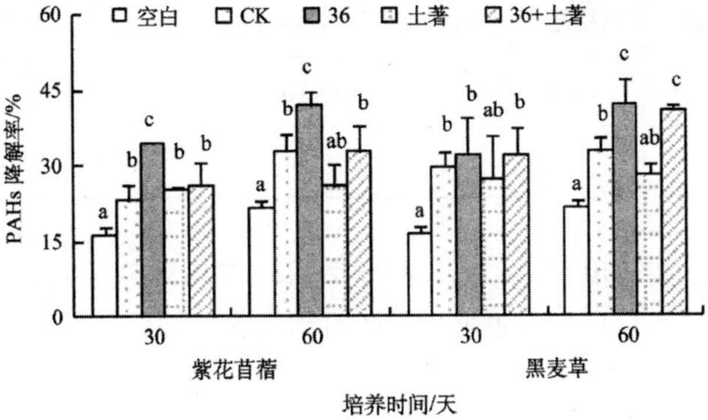

图7-20　不同接种对多环芳烃降解率的影响

CK—对照；36—接种Glomus catedonium90036；土著—接种土壤丛枝菌根真菌；36+土著—联合接种Glomus caledonium90036和土著丛枝菌根真菌；竖棒上不同字母表示同一植物同一时期在P<0.05水平差异显著

说明Glomus caledonium90036菌剂可以明显提高植物修复效率，但是接种土著菌剂对修复作用没有明显影响，土著菌剂与36号菌剂双接种对紫花苜蓿的修复效果也没有显著影响，但60天时显著提高黑麦草的修复效率；土壤中多环芳烃的降解率与植物根系的丛枝菌根真菌侵染率呈显著的正相关关系（P<0.05），表明丛枝菌根真菌侵染可以提高紫花苜蓿与黑麦草修复多环芳烃污染土壤的效率。

四、丛枝菌根修复多环芳烃的强化措施

有机废弃物含有大量的有机物质和N、P、K等营养元素，排放到环境中不但产生严重的污染，而且造成资源的浪费，所以对有机废弃物进行资源化研究与利用，具有有效利用资源和预防环境污染的双重意义。

杨婷等利用有机废弃物作为材料来强化菌根修复多环芳烃污染土壤值得深入研究。

杨婷利用某受工业废水污染农田土壤（多环芳烃17.3mg/kg）进行了盆栽试验，种植植物为紫花苜蓿。供试丛枝菌根真菌为实验室分离保藏的G.caledoniurn90036，供试有机废弃物为发酵牛粪（FD）和造纸干粉（PP），发酵牛粪由南京某公司提供。有机废弃物的基本性质见表7-5。

表7-5 有机废弃物的基本性质

有机废弃物	pH	有机质/（g/kg）	全N/（g/kg）	全P/（g/kg）	全K/（g/kg）
发酵牛粪	6.89	169.3	15.10	3.71	4.92
造纸干粉	5.74	83.5	29.64	0.05	8.73

结果发现，添加0.5%～2.0%发酵牛粪基本不影响丛枝菌根真菌侵染率，如图7-21所示；但均显著促进紫花苜蓿生长，如图7-22所示。

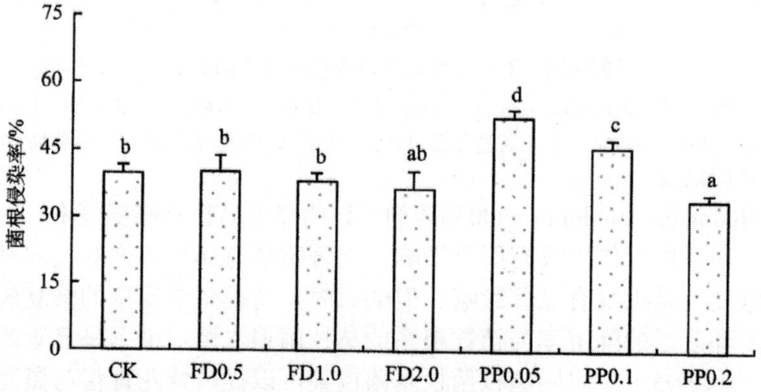

图7-21 紫花苜蓿菌根侵染率

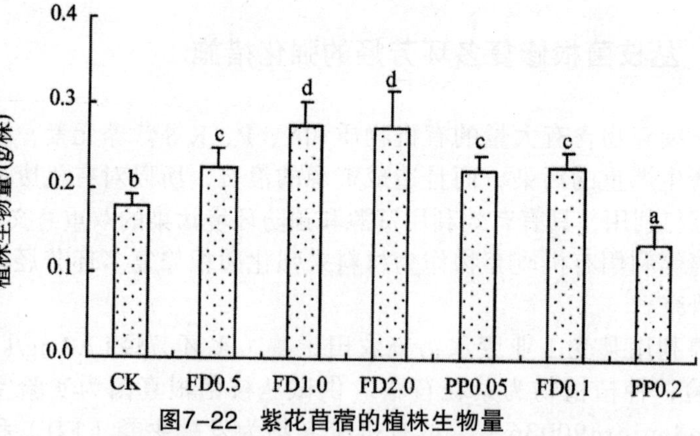

图7-22 紫花苜蓿的植株生物量

其中添加1.0%和2.0%处理的土壤PAH含量相较对照趋于下降；添加0.05%和0.1%造纸干粉均显著提高丛枝菌根真菌侵染率和植株生物量，但添加0.2%处理则产生了显著的抑制作用，仅添加0.05%处理土壤多环芳烃含量显著低于对照，且3～5环多环芳烃降解率均显著提高，如图7-23所示。不同环境环芳烃的降解率如表7-6所示。此外，土壤中多环芳烃降解率与丛枝菌根真菌侵染率之间呈显著正相关关系。

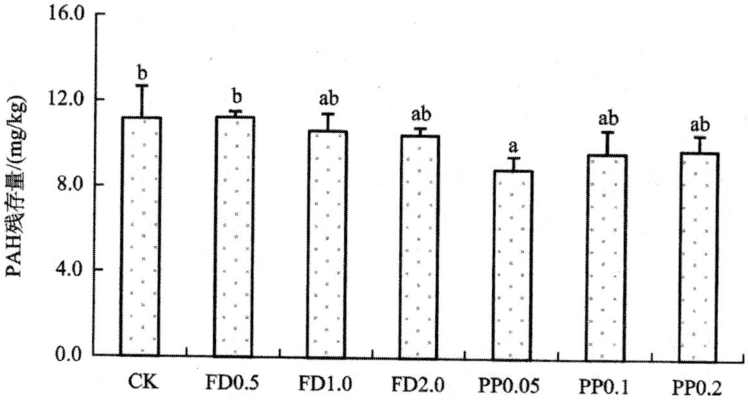

图7-23　土壤中多环芳烃的残存量

这些结果表明，添加适量发酵牛粪可直接通过增强养分供应来促进植物生长，但对多环芳烃降解影响较小；添加微量造纸干粉可通过增进AM真菌侵染来促进植株生长、加速多环芳烃降解，因而可作为刺激性物质应用于菌根修复。

表7-6　土壤中多环芳烃的分环降解率

处理	不同环境多环芳烃的降解率				
	2环	3环	4环	5环	6环
CK	67.0 ± 14.8ab	13.7 ± 1.1ab	21.8 ± 4.4a	15.1 ± 2.2a	32.1 ± 3.2ab
PD0.5	78.4 ± 22.9ab	18.6 ± 3.5abc	21.4 ± 3.0a	17.4 ± 7.1a	23.8 ± 3.2ab
FD1.0	53.2 ± 5.6a	12.5 ± 0.6ab	32.9 ± 6.1ab	28.9 ± 6.0ab	30.9 ± 7.2ab
FD2.0	85.4 ± 20.7ab	9.3 ± 9.0a	26.3 ± 1.9ab	28.9 ± 5.0ab	34.1 ± 1.abc
PP0.05	85.2 ± 29.5ab	46.3 ± 6.5d	37.5 ± 9.4b	39.0 ± 10.4b	38.6 ± 10.0b
PP0.1	91.8 ± 14.1ab	27.9 ± 7.2c	28.5 ± 6.3ab	32.4 ± 7.3cd	35.7 ± 6.6ab
PP0.2	100.0 ± 0.0b	22.0 ± 8.4bc	27.6 ± 4.5ab	27.9 ± 3.0ab	36.6 ± 7.6ab

这些结果表明，添加适量发酵牛粪可直接通过增强养分供应来促进植物生长，但对多环芳烃降解影响较小；添加微量造纸干粉可通过增进AM真菌侵染来促进植株生长、加速多环芳烃降解，因而可作为刺激性物质应用于菌根修复。

（二）表面活性剂的应用

由于多环芳烃在水相中的溶解度极小，强烈吸附在土壤上，生物可利用性差，使多环芳烃的生物降解缓慢、降解率低。表面活性剂是一种既含有亲水基又含有疏水基的物质，对多环芳烃具有增溶作用，可增加多环芳烃与微生物之间的接触机会，提高土壤中多环芳烃的生物可利用性和降解率，缩短修复时间。

刘魏魏利用采自江苏无锡由于多年化工废水多环芳烃污染的某农田（多环芳烃含量为13.5mg/kg）的土壤进行盆栽试验，研究了表面活性剂、多环芳烃降解菌与丛枝菌根真菌的联合修复作用。表面活性剂为鼠李糖脂，浓度为4g/L。

结果发现，接种多环芳烃专性降解菌、接种丛枝菌根真菌、添加鼠李糖脂两两因素联合修复作用显著提高了多环芳烃降解率，其中多环芳烃专性降解菌与丛枝菌根真菌协同修复效果较好，如图7–24和图7–25所示。

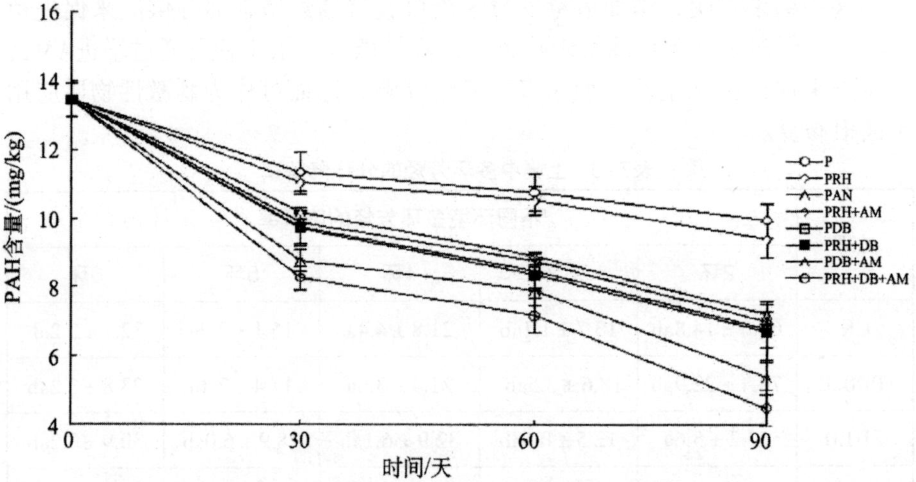

图7–24 不同处理土壤中PAH含量的动态变化

试验处理：①只种植紫花苜蓿（P）；②种植紫花苜蓿，添加鼠李糖脂（PRH）；③种植紫花苜蓿，接种AM真菌（PAM）；④种植紫花苜蓿，添加鼠李糖脂和接种AM真菌（PRH~AM）；⑤种植紫花苜蓿，接种PAH专性降解菌（PDB）；⑥种植紫花苜蓿，添加鼠李糖脂和接种PAH专性降解菌（PRH~DB）；⑦种植紫花苜蓿，接种AM真菌和PAH专性降解菌（PDB~AM）；⑧种植紫花苜蓿，添加鼠李糖脂、接种AM真菌和PAH专性降解菌（PRH+DB+AM）。

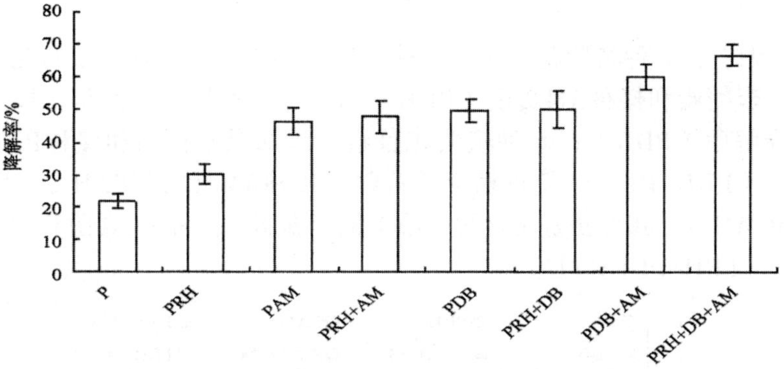

图7-25　不同处理土壤中多环芳烃的降解率

试验处理：①只种植紫花苜蓿（P）；②种植紫花苜蓿，添加鼠李糖脂（PRH）；③种植紫花苜蓿，接种AM真菌（PAM）；④种植紫花苜蓿，添加鼠李糖脂和接种AM真菌（PRH~AM）；⑤种植紫花苜蓿，接种PAH专性降解菌（PDB）；⑥种植紫花苜蓿，添加鼠李糖脂和接种PAH专性降解菌（PRH~DB）；⑦种植紫花苜蓿，接种AM真菌和PAH专性降解菌（PDB~AM）；⑧种植紫花苜蓿，添加鼠李糖脂、接种AM真菌和PAH专性降解菌（PRH+DB+AM）。

除此之外，随着苯环数的增加，土壤中15种多环芳烃的平均降解率逐渐降低。添加鼠李糖脂、接种微生物能够促进各环PAH的降解，其中对高分子质量多环芳烃降解的促进作用大于对低分子质量多环芳烃的降解促进作用。土壤多环芳烃降解率与土壤脱氢酶活性、多酚氧化酶活性和多环芳烃降解菌数量呈正相关关系，添加鼠李糖脂、接种微生物提高了土壤脱氢酶活性、多酚氧化酶活性和多环芳烃降解菌数量，如图7-26至图7-28所示，从而促进了土壤多环芳烃的降解。

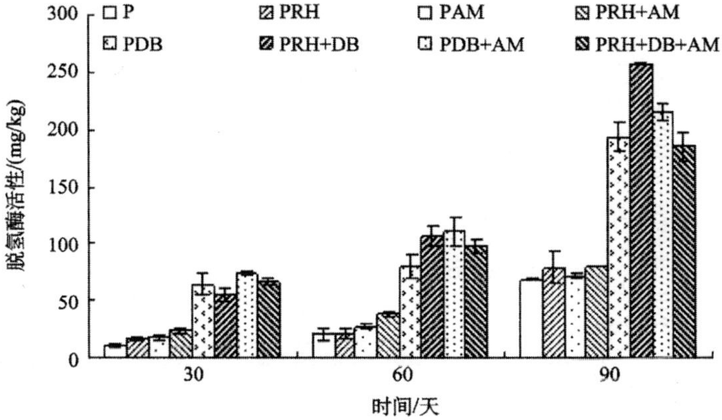

图7-26　不同处理中土壤中脱氢酶活性动态变化

试验处理：①只种植紫花苜蓿（P）；②种植紫花苜蓿，添加鼠李糖脂（PRH）；③种植紫花苜蓿，接种AM真菌（PAM） ④种植紫花苜蓿，添加鼠李糖脂和接种AM真菌（PRH~AM）；⑤种植紫花苜蓿，接种PAH专性降解菌（PDB）；⑥种植紫花苜蓿，添加鼠李糖脂和接种PAH专性降解菌（PRH~DB）；⑦种植紫花苜蓿，接种AM真菌和PAH专性降解菌（PDB~AM）；⑧种植紫花苜蓿，添加鼠李糖脂、接种AM真菌和PAH专性降解菌（PRH+DB+AM）。

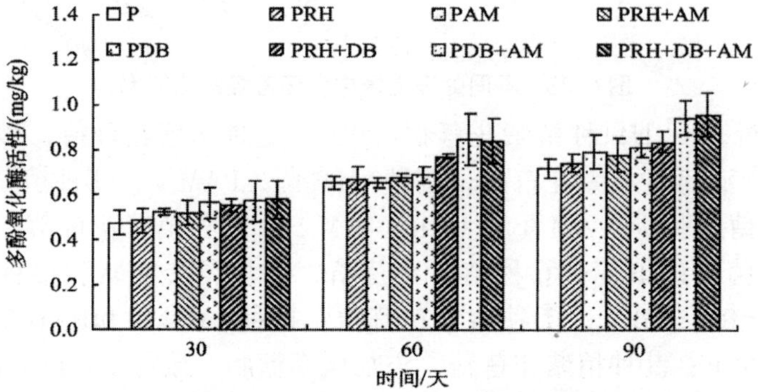

图7-27　不同处理中土壤中多酚氧化酶活性动态变化

试验处理：①只种植紫花苜蓿（P）；②种植紫花苜蓿，添加鼠李糖脂（PRH）；③种植紫花苜蓿，接种AM真菌（PAM）；④种植紫花苜蓿，添加鼠李糖脂和接种AM真菌（PRH~AM）；⑤种植紫花苜蓿，接种PAH专性降解菌（PDB）；⑥种植紫花苜蓿，添加鼠李糖脂和接种PAH专性降解菌（PRH~DB）；⑦种植紫花苜蓿，接种AM真菌和PAH专性降解菌（PDB~AM）；⑧种植紫花苜蓿，添加鼠李糖脂、接种AM真菌和PAH专性降解菌（PRH+DB+AM）。

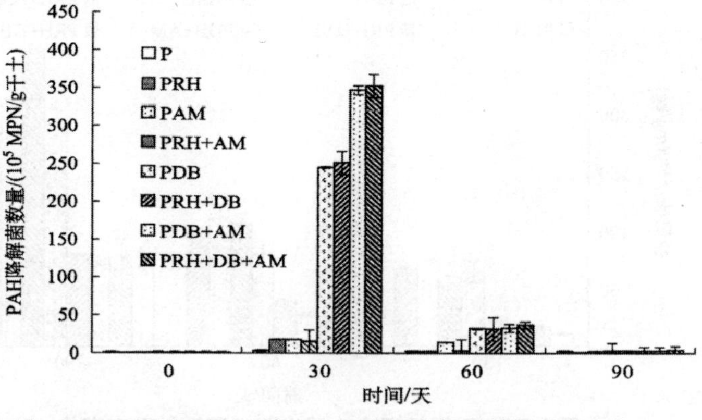

图7-28　不同处理中土壤中多环芳烃降解菌数量动态变化

试验处理：①只种植紫花苜蓿（P）；②种植紫花苜蓿，添加鼠李糖脂（PRH）；③种植紫花苜蓿，接种AM真菌（PAM）；④种植紫花苜蓿，添加鼠李糖脂和接种AM真菌（PRH~AM）；⑤种植紫花苜蓿，接种PAH专性降解菌（PDB）；⑥种植紫花苜蓿，添加鼠李糖脂和接种PAH专性降解菌（PRH~DB）；⑦种植紫花苜蓿，接种AM真菌和PAH专性降解菌（PDB~AM）；⑧种植紫花苜蓿，添加鼠李糖脂、接种AM真菌和PAH专性降解菌（PRH+DB+AM）。

田间试验也证实，丛枝菌根真菌、鼠李糖脂多环芳烃、降解菌菌剂单独使用可以促进玉米对多环芳烃的修复，而且实验证实鼠李糖脂、AM真菌和多环芳烃专性降解菌三者在促进多环芳烃降解方面存在协同作用。在玉米和黑麦草套种试验中，鼠李糖脂、丛枝菌根真菌和多环芳烃专性降解菌也能在促进多环芳烃降解方面起到协同作用。

第八章

展望

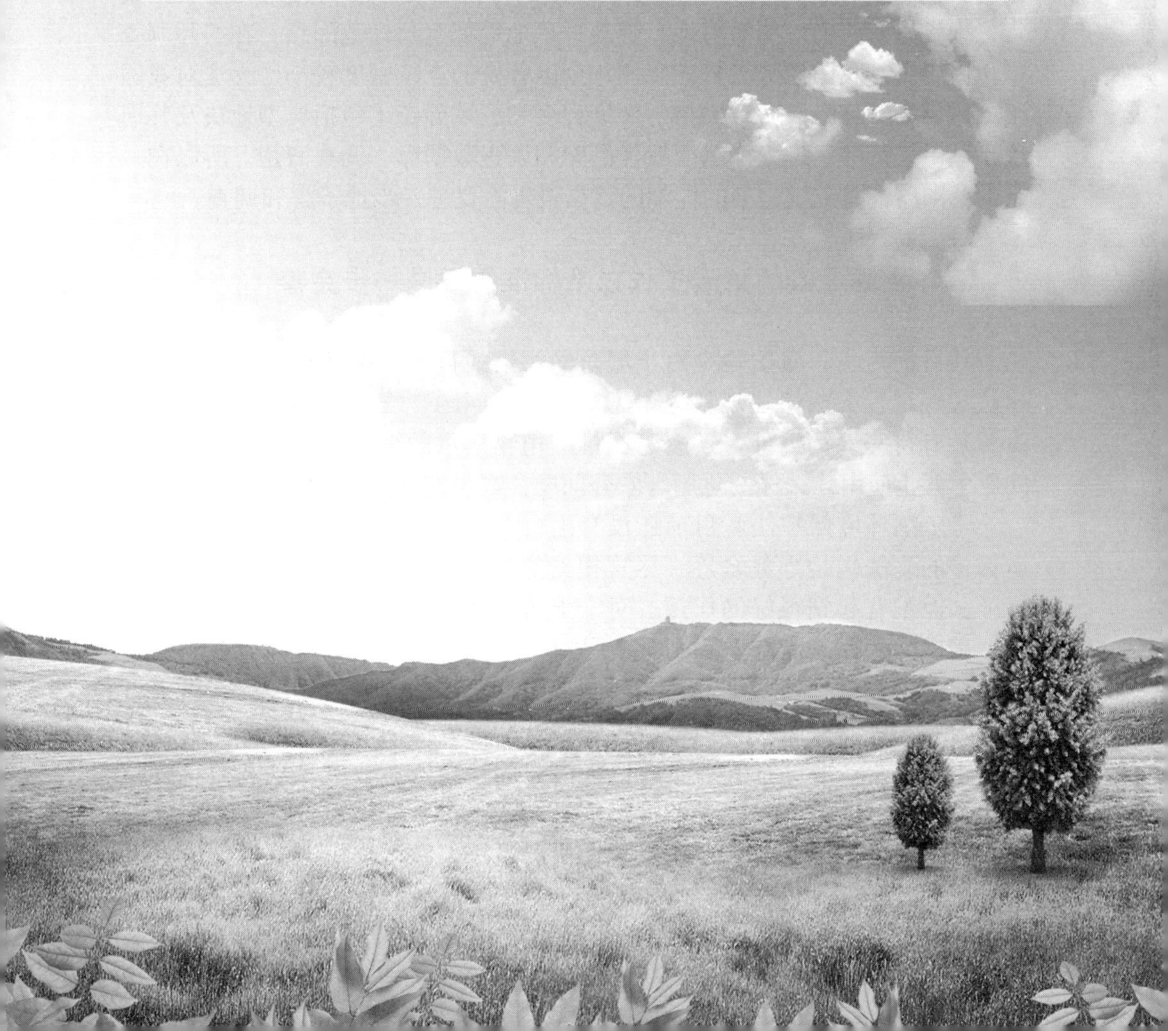

对于土壤修复技术，我国归纳了修复所面临的主要问题、这些技术的局限性、我国对土壤修复技术发展的趋势是什么、土壤修复技术同商业提出的建议等。接下来我们围绕这些问题和观点，进行分析和描述。

第一节　我国土壤修复行业面临的主要问题

基于我国土壤污染问题的严重性，对土壤修复进行了详细的分析，我国土壤修复主要面临如下严峻的问题。

一、对土壤污染问题的详细程度没有摸清

我国环境保护部门和国土资源发布了有关土壤污染状况的调差表报报告，报告里有明确说明对耕地、林地、草地等都有超标范围点。在实际调查中，由于受到我国地势趋势的限制，全国普查的点位密度较小，无法对我国土壤污染变化趋势、污染类型、污染程度和区域分布（包括典型地块及其周边土壤污染情况，建立全国土壤样品库和调查数据库）调查清楚。所以在一定的范围内，对土壤污染的详细的数据报告需要进一步地了解和调查。

二、土壤污染的防治工作以及标准需要进一步完善

到目前为止，我国缺少对土壤防治污染的行为标准准则设立专业的法律法规，现行的法律法规只提出了原则性的问题，很少有实质性的问题解决，还有待完善；另外，还有怎么推广植物病虫的综合防治以及保持水土问题，禁止使用什么样的化肥、农药问题，都没有明确的指标。

《土壤环境保护法》目前还没有出台，只有草案已经完成，但是对环境保护的立法仍是当务之急。尽管相关部门已经出台了一些相关的文件和标准，但没有起到很好的作用，对于土壤污染总额和防治的体系还没有建立，离出台的标准尚存差距，甚至是对于实际的情况、针对性质差距极其地大。由于针对土壤污染防治与控制方面的法律法规以及相关标准尚未出台或尚不完善，缺乏对污染事故责任、处罚等方面的规定，因此极大地限制了土壤修复产业的推进，具有巨大潜力的社会资本投资呈现观望状态，延缓了它们对土壤修复市场的参与度。同时，土壤环境质量标准不完善也成为限制污染土壤修复效果检验和评价的瓶颈。我国尚未形成污染土壤风

险管理的相关方法体系和法规保障体系。这些工作都是我国土壤环境保护工作的重要内容，亟待解决。

三、土壤污染防治与修复技术研究基础薄弱

在土壤污染修复技术领域方面，技术复杂多变，门类也是众多，和国外较发达的国家相比较，我国对这方面还是比较薄弱的。我国土壤修复技术起步较晚，研究数据（参考数据）资料很少，修复技术缺乏针对性、实际性以及适用性等，大多数都是停留在实验室的阶段，很少付诸实践当中；此外，我国的工业方面装备不如国外，依赖国外设备的问题从未得到解决。

虽然我国面临着国内的技术不如国外先进国家；农业的药剂、化肥都需要进口；机器设备都需要向发达国家进口；先进的土壤修复技术需要从国外引进，但是在重重困难面前，我国也颁布了《污染场地修复技术筛选指南》这一比较权威的条例。虽然其内容粗略，缺乏对研发的支持和引导，但是从另外一个角度来讲，是我国已经重视了土壤污染的修复技术薄弱的环节，而且还要加强搭建土壤修复的国际交流与合作平台，加快推进我国土壤修复新技术开发及产业化应用。

四、土壤污染修复设备化等研究滞后

从两个方面可以看出我国开展污染土壤修复技术要比欧美发达国家晚了20年：一是技术支撑方面的落后，二是技术装备方面的落后。前者主要表现在：快捷，修复技术体系尚待完善；后者主要表现在：快捷，原位的修复技术严重不足。在技术产业方面，缺乏规模化应用及产业化运作的技术支撑，所以我国的自身原因制约着技术的规模化应用和产业化发展。

五、土壤污染防治与修复资金的筹集困难

土壤污染防治需要大量的资金才能运行。在实际中，由于我国土壤污染的防治法律法规以及责任和义务都还没有完善，对于土壤污染的当事人以及需要承担的法律责任摸不清楚，对于那些对土壤污染防治工作的人员，做出贡献者，国家也没有相应的鼓励。所以，对于污染者和做出防治污染贡献者没有一个明显的界定，土壤防治资金的短缺，是整个防治工作中的一大难题。具体的表现如图8-1所示。

①土壤污染的责任主体不明确。出于历史原因，我国土壤污染主体大多是各类国有工厂，经过多轮的改制重组，产权关系、债权债务、工农关系等历史问题十分复杂，搬迁及治理费用高，就业安置补偿难度很大，难以用传统的“污染者负担”的原则去追究责任人，即便产权明晰的，也很难有能力再去支付高额的土壤修复费用。目前少数比较成熟的商业化项目，主要依托于房地产，由房地产开发商埋单

②大面积的农田土壤污染修复费用极大，但目前缺乏责任人。目前土壤污染的修复费用大部分由政府承担

图8-1　筹集资金困难分析

六、土壤环境保护管理体制不完善

目前，我国土壤环境保护的行为管理和标准还不完善，体制已经发挥到了极致。土壤管理部门众多，但是职权分散，土、环保、农业等部门之间的协调联动缺乏制度保障和约束机制。监督机制缺失，对污染者惩治手段乏力，因此，需采取行之有效的措施，改革与创新土壤污染治理管理体制机制，明确环保、国土、工信、住建、农业等部门之间的职责分工，建立协同行政管理机制。

七、土壤环境保护产业化链条尚未形成

污染土壤修复缺乏统一管理机制，良性的产业链条尚未形成。资本对修复企业和项目的投资十分慎重，市场上缺少自主研究能力强的修复企业。行业准入标准低，许多企业都在等待国家和地方相关政策出台，产业化市场尚未形成。因此，需尽早建立从业资质认证体系，以保证企业有序竞争，形成健康的修复产业市场。

第二节　我国污染土壤修复的技术局限性

如前面所讲的，在土壤污染修复中，无论是土壤动物修复、物理修复还是化学修复、甚至是微生物修复，在一定程度上起了积极的促进作用，

在一定的范围内适用；但是在重金属浓度较高时，或多或少就会受到限制，甚至是难以克服。具体如表8-1所示，详细地梳理了土壤修复技术的存在的局限性。

表8-1 土壤修复技术的局限性

技术名称	技术的局限性
挖掘-填埋	①挖掘-填埋的场所最基本的要求就是远离市区、远离植被地等，此外，还需要很大的面积空间；②要严格控制、确保填埋的二次循环利用，以防二次污染；③阻隔材料需要进行长期观测与维护以保证其长期有效性；④挖掘-填埋技术无法减少污染物的毒性、活性和数量，只能降低其迁移性
固化/稳定化	①污染物所处深度的增加可能增大原位固化/稳定化的操作难度；②有机物质的存在可能会影响黏结剂固化作用；③处理过程可能导致污染体积的增加；④某些污染物的处理需要进行可行性实验；⑤原位处理时，黏结剂和固化剂等药剂的传输和有效混合可能存在一定难度；⑥修复后的环境条件变化可能会影响固体长期稳定性
土壤气相抽提	①在土壤里水分或黏土含量高50%以上时，由于渗透性较差，影响气相抽提的处理效果；②土壤气相抽提技术实施时可能会发生污染物“拖尾”和反弹现象；③由于有机物含量高或特别干燥的土壤对VOCs的吸附性较强，污染物的去除效率会较低；④抽提后的尾气和尾气处理过程产生的废物需要进行处理
土壤淋洗	①低渗透性、高土壤含水率、复杂的污染混合物以及较高浓度会使处理较为困难；②淋洗技术容易造成污染范围扩散并产生二次污染；③淋洗技术可能会破坏土壤理化性质，使大量土壤养分流失，并破坏土壤微团聚体结构
土壤脱洗	①在使用此技术之前，需要做一些准备，如对土壤进行分级等；②污染物较为复杂时会增加洗脱液选择的难度；③难以去除黏粒中吸附的污染物；④土壤洗脱技术也能破坏团微生物的团聚结构，使其养分大量地丧失；⑤土壤洗脱技术的“废液”容易造成二次污染
热脱附	①含腐蚀性污染物的土壤可能会损害处理设备；②黏土、淤泥或含有大量有机物的土壤对污染物的吸附能力强，会导致物料停留时间的延长，降低修复效率，而且费用高；③土壤需要控制粒径和水分含量等，预处理可能会影响该技术的应用效果和费用
焚烧	①对含氯有机污染土壤进行焚烧存在产生二英的风险；②处理过程中可能形成比原污染物的挥发性和毒性更强的化合物；③能耗成本较高；④重金属焚烧产生的残灰，需进行安全处置，挥发性重金属的焚烧，需要安装尾气处理系统

续表

技术名称	技术的局限性
水泥窑协同处置	①在进入水泥窑前，污染土壤一般需要进行预处理；②对污染土壤中的各组分和污染物等进行详细砤测，以保证水泥产品的贡量；③污染土壤在水泥生料中的配比通常较低；涉及污染土壤的挖掘或远距离运输，可能产生二次污染
化学氧化/还原	①处理高浓度的污染物需要大量的氧化还原剂，可能导致此技术不再经济可行；②处理过程可能产生不完全氧化物或中间污染
生物通风	①需要监控土壤表面可能排放废气；②温度过低会减缓修复速率；③邻近地下水、饱和层土壤或低渗透性的土壤使用该技术效果较差；④可能会导致污染物进入临近地下空间；⑤土壤中水分含量太低也会限制生物有效性
生物堆	①生物堆技术需要对污染土壤实施挖掘；②需通过可行性实验确定污染物的生物可降解性、需主量及营养物负荷率；③因为没有搅拌作用，可能会导致处理效果的非均一性和相对较长的处理时间
强化生物修复	①强化生物修复技术在低温条件下不宜采用；②该技术原位应用时，优先流的存在可能会减少添加剂和污染物的接触机会；③如果土壤介质中含有抑制微生物活性或限制微生物与污染物接触的物质，则会降低修复效果，黏土、非均质土层也会影响修复效果
植物修复	①植物修复的季节性和地域较强；②此种技术，基本只能处理土壤表层的污染，而且是受植物的深度决定；③浓度较高的污染物可能对植物有毒；④可能会产生污染物从土壤中转移到空气中的情况；⑤植物复产生的毒性和生物有效性较难确定；⑥需对植物修复时收割的植物妥善处置；⑦修复周期较长
泥浆相生物处理	①土壤进入反应器前的预处理较为困难，且成本较高；②该技术对非均质土壤和黏土的处理可能存在困难；③不适用于无机污染物的处理；④需要对污染土壤实施挖掘；⑤处理后的土壤脱水和废水处理需要较多费用

第三节　我国污染土壤修复的技术发展趋势

近几年来，通过我国科学研究人员的试验和引进发达国家的先进技术和经验，在污染土壤修复方面有了很大的进步，最终在我国土壤修复发展趋势所呈现的特点，如图8-2所示。

在污染土壤修复决策上，逐渐从基于污染物兰、量控制的修复目标发展到基于污染风险评估的修复导向

在技术上，逐渐从物理修复、化学修复和物理化学修复发展到生物修复、植物修复和基于监测的自然修复，从单一的修复技卡发展到多技术联合的修复技术、综合集成的工程修复技术

在设备上，逐渐从基于固定式设备的离场修复发展到移动式设备的现场修复

在应用上，已从服务于重金属污染土壤、农药或石油污染土壤、持久性有机化合物污染土壤的修复技术发展到多种污染物复合或混合污染土壤的组合式修复技术

在发展趋势上，逐渐从点源修复走向面源修复，甚至流域修复；逐渐从单项修复技术发展到融大气、水体监测的多技术设备协同的场地土壤一地下水综合集成修复；逐渐从工业场地走向农田耕地，从适用于工业企业场地污染土壤的离位肥力破坏性物化修复技术发畏到适用于农田耕地污染土壤的原位肥力维持性绿色修复技术

图8-2 我国土壤修复技术的发展趋势

一、以绿色环境为目标

未来研究的方向就是用太阳能和自然植物资源的植物修复、土壤中微生物修复以及土壤动修复等多种综合技术结合，使土壤中不同结构形成营养层食物网。农田土壤污染的修复技术要求能在原位有效地消除影响粮食生产和农产品质量的微量有毒有害污染物，同时既不能破坏土壤肥力和生态环境功能，又不能导致二次污染的发生。

发展绿色环境、安全的环境不仅能满足土壤修复技术的发展，而且还适用于大面积的土壤污染处理，具有经济和效益的双重优势。发展土壤修复技术的趋势是根据不同的作物修复作用，对不同类型的土壤、土壤污染的性质进行修复，并和生物工程技术相结合发展土壤修复生物修复技术，

有利于提高治理速率与效率，具有应用前景。

二、发展综合修复技术发展

在地球表层的土壤类型众多，土壤的性质、结构以及组成部分都不一，所以被污染的土壤的类型也就不一样，污染物的组成复杂多变，污染的程度差异很大。在这种情况下，对污染土壤进行修复，单靠单项协同是不可行的，因为浓度较高的污染，不仅是对土壤的污染，还是对地下水的污染，所以需要发展协同联合的土壤综合修复模式就成为场地和农田土壤污染修复的研究方向。例如，不同修复植物的组合修复，降解菌-超积累植物的组合修复，真菌-修复植物组合修复，土壤动物-植物-微生物组合修复，络合增容强化植物修复，化学氧化-生物降解修复，电动修复-生物修复，生物强化蒸气浸提修复，光催化纳米材料修复等。

三、从异位向原位的土壤修复技术发展

在土壤修复过程中，最常用的就是土壤的原位修复技术，因为原位修复技术成本低，优势明显。在不同的污染环境下，也有选择异位修复技术的处理。例如，根据污染物理化特性、土层分布条件、地下水分布条件、场地未来用途等因素，将污染土壤挖掘、转运、堆放、净化、暂存、再利用是一种经常用的离场异位修复过程。

这种异位修复不仅处理成本高，而且很难治理深层土壤及地下水均受污染的场地，不能修复建筑物下面的污染土壤或紧靠重要建筑物的污染场地。因此，发展多种原位修复技术以满足不同污染场地修复的需求就成为近年来的一种趋势。例如，原位蒸气浸提技术、原固定-稳定化技术、原位生物修复技术、原位纳米零价铁还原技术等。同时，基于监测且能发挥土壤综合生态功能的原位自然修复也是一种发展趋势。

四、根据环境的功能对土壤修复的发展

黏土矿物改性技术、催化剂催化技术、纳米材料与技术已经渗透到土壤环境和农业生产领域，并应用于污染土壤环境修复，如利用纳米铁粉、氧化钛等去除污染土壤和地下水中的有机氯污染物。但是，目标土壤修复的环境功能材料的研制及其应用技术还刚刚起步，具有发展前景。按照目前我国土壤修复技术的发展，对于土壤和污染物的性质、来源、分配、分

布条件、组织结构等还了解得不清楚，对于环境的安全性和生态循环问题难易用估测，最终对于环境功能修复材料的土壤修复技术的应用条件、长期效果、生态影响和环境风险有待回答。

五、基于设备化的快速场地污染土壤修复技术发展

土壤修复技术的应用在很大程度上依赖于修复设备和监测设备的支撑，设备化的修复技术是土壤修复走向市场化和产业化的基础。植物修复后的植物资源化利用、微生物修复的菌剂制备、有机污染土壤的热脱附或蒸气浸提、重金属污染土壤的淋洗或固化–稳定化、修复过程及修复后环境监测等都需要设备。尤其是对城市工业遗留的污染场地，因其特殊位置和土地再开发利用的要求，需要快速、高效的物化修复技术与设备。开发与应用基于设备化的场地污染土壤的快速修复技术是一种发展趋势。一些新的物理和化学方法与技术在土壤环境修复领域的渗透与应用将会加快修复设备化的发展。

六、从土壤修复向土壤—水体联合修复

由于污染物的不断迁移和转化，不但土壤受到污染，地表水和地下水也受到污染。随着我国修复技术的发展，确定出资方制度的完善，以及相关政策法规的完善，我国将大力倡导和鼓励土壤—水体联合修复。

在前面，我们了解到了土壤修复技术的作用，现在对水生态修复作用和目的比较模糊，水体生态修复不仅包括开发、设计、建立和维持新的生态系统，还包括生态恢复、生态更新、生态控制等内容，同时充分利用水调度手段，使人与环境、生物与环境、社会经济发展与资源环境达到持续的协调统一。如下就是通过系列措施，将已经退化或损坏的水生态系统恢复、修复，基本达到原有水平或超过原有水平，并保持其长久稳定。其目的和作用如图8–3所示。

七、从点到面的生态修复发展

土壤生态修复是指在土壤生态系统中停止人为的污染干扰，让系统自我调节修复和提高自身系统的组织能力，又或者在系统自身自我修复能力提高的同时，人为措施是起辅助作用，使遭到破坏的土壤逐渐恢复成良性的土壤系统循环；点源污染顾名思义就是污染的范围小，扩散的速度也很

水生态修复目的是修理恢复水体原有的生物多样性、连续性，充分发挥资源的生产潜力，同时起到保护水环境的目的，使水生态系统转入良性循环，达到经济和生态同步发展

水生态修复主要作用是通过保护、种植、养殖、繁殖适宜在水中生长的植物、动物和微生物，改善生物群落结构和多样性。增加水体的自净能力，消除或减轻水体污染；生态修复区域在城镇和风景区附近，应具有良好的景观作用，生态修复具有美学价值，可以创造城市优美的水生态景观

湿地的水生态修复一般需要经过较长一段时间才能趋于稳定并发挥其最佳作用。种植水面植物能在较短时间发挥作用，可作为先锋技术采用；水生态修复一般需要经过较长一段时间才能发挥作用，3-5 年可初步发挥作用，10~20 年才能发挥最佳的作用。治理工作必须立足长治久安，遵循生态学基本规律

图8-3 水体修复的作用

慢；流域生态修复是指流域尺度的生态修复。

随着土壤修复技术的快速发展，结合国家的实际发展需求，我国将逐渐从单一的点源污染场地修复走向流域生态修复，促进我国的土地资源、水资源等自然资源的保护与合理开发利用，使环境污染得到有效控制，促进国民经济的发展。

八、土壤修复决策支持系统及后评估技术发展

污染土壤修复决策支持系统是实施污染场地风险管理和修复技术快速筛选的工具，具体流程如图8-4所示。

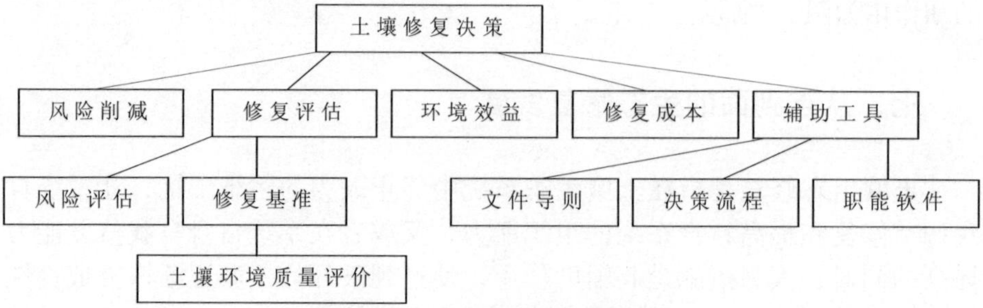

图8-4 土壤修复决策流程图

土壤污染的种类繁多，污染的场地面积广泛，需要发展场地针对性的污染土壤修复决策支持系统及后评估方法与技术。因此，基于国外发达国家的经验和发展历程，我国也将发展土壤修复决策支持系统及后评估技术。

第四节　我国污染土壤修复商业模式建议

守住土壤污染防治的红线，就是守住公众的饮食安全和身体健康。“十三五”期间，我国将土壤污染防治工作列入环保六大重点工作之一。在“十三五”期间，我国土壤修复仍处于起步阶段，要大规模发展还有一定难度。在起步阶段，不能简单求数量，而是要把产业基础做牢做实。要进一步做好土壤污染调查，做好修复技术储备，做好法规标准建设。五大举措催生三大合力，土壤修复工作重在商业模式。

一、第三方治理和PPP模式

2015年1月，国务院办公厅印发的《关于推行环境污染第三方治理的意见》指出，治理环境污染需要使用第三方治理措施。治理的主题分别是政府、企业；其中政府和企业对环境保护的关注从“定目标”转为“抓落实”；政府、企业对环保的关注重点从投资规模，向治理结果转变；政府、企业从治理主体向环保企业购买服务方向转变。

第三方治理模式包含的内容如图8-5所示。

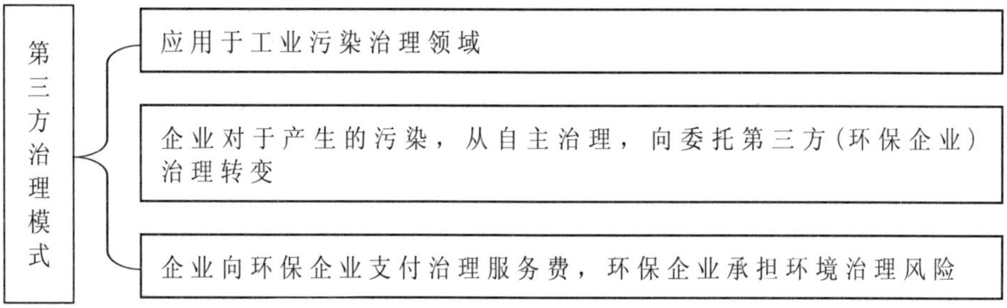

图8-5　第三方治理模式

PPP治理模式包含的内容如图8-6所示。

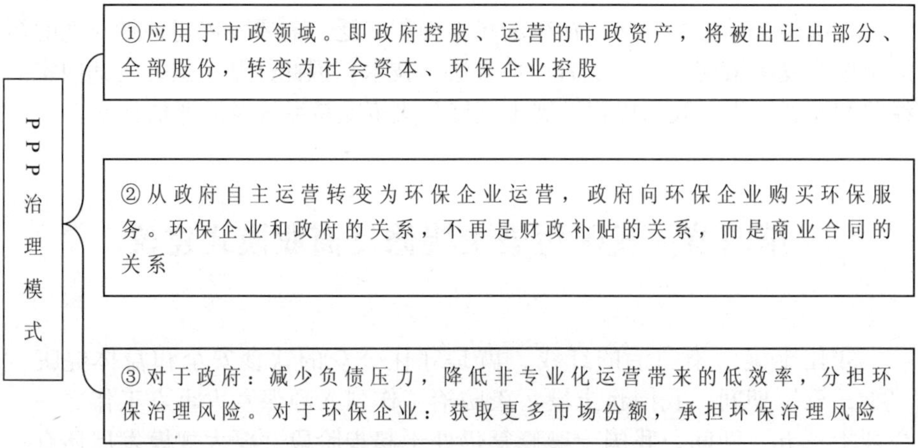
PPP治理模式
①应用于市政领域。即政府控股、运营的市政资产，将被出让出部分、全部股份，转变为社会资本、环保企业控股
②从政府自主运营转变为环保企业运营，政府向环保企业购买环保服务。环保企业和政府的关系，不再是财政补贴的关系，而是商业合同的关系
③对于政府：减少负债压力，降低非专业化运营带来的低效率，分担环保治理风险。对于环保企业：获取更多市场份额，承担环保治理风险

图8-6 PPP治理模式

目前在实际运作中，政府和企业都有将这两种模式推出治理土壤污染问题，其动力主要表现如图8-7所示。

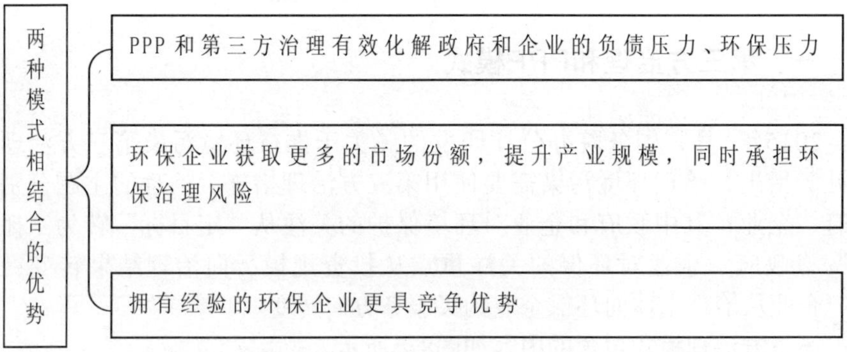

PPP和第三方治理有效化解政府和企业的负债压力、环保压力

拥有经验的环保企业更具竞争优势

图8-7 两种模式相结合的优势

二、几种土壤修复商业模式建议

目前，我国的土壤修复技术相对于发达国家来讲还比较低，加上商业模式不是很清晰，土壤污染涉及的行业较多，如图8-8所示。因此，在社会上很难找到主体责任。一旦土壤受到污染，其责任相互推脱，污染问题难以解决。市场是失灵的，受益主体是抽象的，价值以及污染对资产的影响也无法评估。

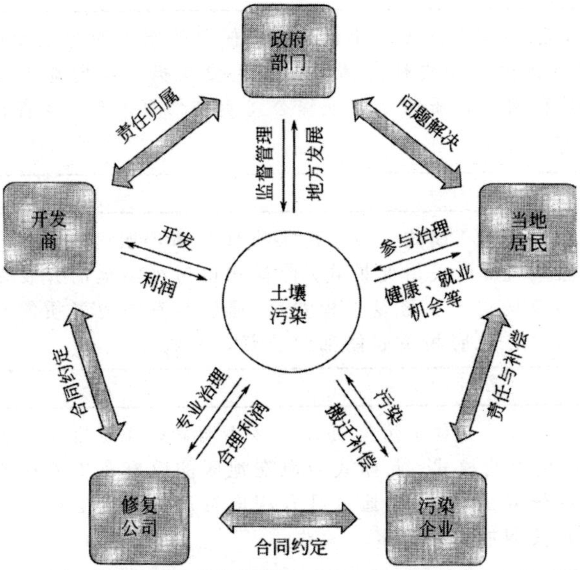

图8-8 土壤污染和社会关系

根据土壤污染的现状和我国国情，积极推出一条适合本国国情的土壤污染治理的商业模式，并建立多重渠道筹集资金，或者借鉴西方发达国家的经验，建立政府治理土壤污染基金是第一步；其次，还要完善我国已有的绿色信贷、绿色保险和绿色税收等多项环境经济政策。打破之前修复技术的局限，充分发挥各个领域的优势，吸引社会资金流动，土壤污染资金向多元化发展，其最终目的就是使土壤走向可持续发展。因此，建立科学合理的商业模式，对我国土壤修复行业健康发展及国家生态文明建设至关重要。

我国在土壤污染修复方面，具有的巨大潜力表现为：修复技术的研究与创新、修复装备和材料的制造、修复工程的建设、工程项目设计与施工等；但是由于我国土壤修复工程的特点，也存在局限性，具体表现为：由于污染物在土壤停留的时间较长，污染物的难降解性质，由于污染物的多年“存放”，给土壤留下了历史难题；成本高的局限性等。到目前为止，我国对于污染场地的修复经营模式还是“摸着石头过河”，机遇与风险并存。

在参考多国的土壤修复技术的经验以及我国目前阶段技术的发展，和我国实际国情相结合，探索出来了污染场地的治理产业经营模式，分为两部分：一是根据责任人划分，二是根据补救方式划分，具体的表现如图8-9和图8-10所示。

“谁污染，谁治理”模式。对于污染责任主体明确的污染场地，可采用此模式。此模式由污染责任主体筹措或主要承担污染场地土壤修复工程费用，通过具有相应资质的专业工程公司实施修复治理，政府相关职能部门监督、验收

“谁使用，谁治理”模式。对于污染责任主体不明确，具有一定的高值化潜力的污染场地，可采用此模式。此模式由污染场地的开发使用者筹措或主要承担污染场地土壤修复工程费用，通过具有相应资质的专业工程公司实施修复治理，政府相关职能部门监督、验收

“政府出资”模式。对于污染责任主体不明确，修复后作为公益用途的污染场地，可采用此模式。此模式由所在地区的政府负责筹措或主要承担污染场地土壤修复工程费用，通过具有相应资质的专业工程公司实施修复治理，政府相关职能部门监督、验收

图8-9 按照责任人的模式

RT模式，即垫资修复模式。由污染场地所有者授权具有相应资质的专业工程公司实施修复治理，政府相关职能部门监督、验收；修复治理费用由专业工程公司先行垫付，达到污染场地所有者规定的土地使用质量要求后，污染场地所有者按修复合同约定价格及支付条件履约

ROT模式，即“修复-开发-移交”模式。经污染场地所有者或政府相关部门委托，由具备相应资质的专业修复公司来承担该项目的投资、融资、实施修复治理，经验收合格后，在协议规定的特许期限内进行场地开发再利用，并准许其通过向用户收取费用或出售产品以清偿贷款，回收投资并赚取利润

ROO模式，即“修复-开发-拥有”模式。对于难以找到责任主体的污染场地，污染场地所有者或政府相关部门与专业修复公司签订特许权协议，授予专业修复公司来承担场地修复的投资、融资，并实施修复，经验收合格后，进行场地开发再利用，回收投资，赚取利润

TRT模式，即“受让-修复-转让”模式。污染场地所有者或政府相关部门委托具备相应资质的专业修复公司进行污染场地的修复治理，由专业修复公司承担修复的投融资成本，修复完成经验收合格后，专业修复公司将该场地转让，回收投资，赚取利润

图8-10 补救方式的模式

第五节　我国土壤修复工作展望

在我国，出现最严重的问题是指注重经济发展和城市化发展以及土地出让的利润，对于工业化和城市化发展带来的影响却没有注意，如土壤污染给人们健康带来影响。如图8–11所示的是造成环境污染的各个因素的趋势。

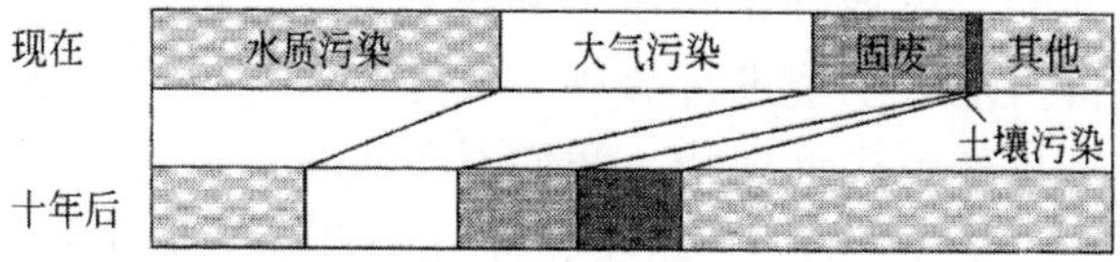

图8–11　造成环境污染的各个因素趋势

在实际运作中，污染土地的开发商和当地居民对于污染土壤的意识不够强，缺乏保护环境的专业知识，并缺乏足够的方法和资源来调查和参与相关事务。近几年，随着环境的不断恶化，土壤污染的严重化，环境问题才得到公众的关注，其对改善环境的意识不断地提高，在伴随着我国对环境保护的相关规定法条的出台，才对土壤的保护有所成效。

根据土壤修复行业的行业周期轮，我国的土壤修复行业正在处于初级阶段，如图8–12所示。随着我国修复技术的不断发展，政府对相关制度的不断完善，在未来10年，将会迎来土壤修复行业的快速发展；我国的土壤修复行业在未来10年可能将会进入一个崭新的阶段：从房地产开发驱动阶段逐渐向法律驱动或政府引导为主的阶段过渡。

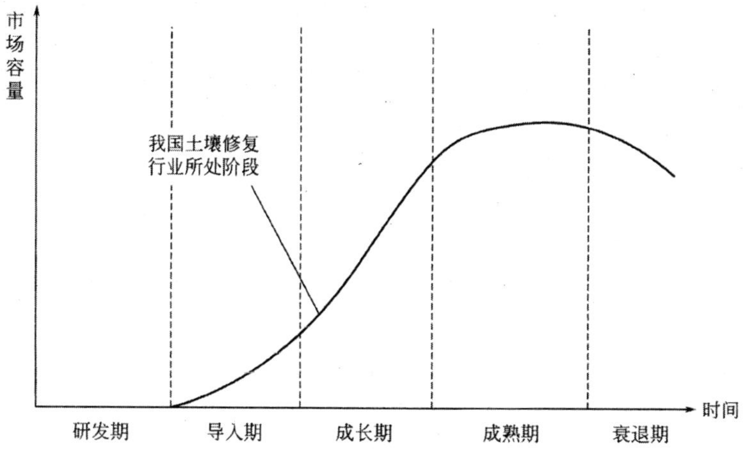

图8–12　行业周期图

随着“土十条”的出台，按照国务院的要求，将对重金属严重污染的区域、投入治理资金的数量、治理的具体措施等多项内容包括在内。按照土壤管理和总额和防治的重要规划，将土壤分为农业用地和建设用地，并将其进一步的看管治理和保护，防止土壤进一步的恶化。根据专业人员的分析，从长期考量中，“土十条”所带动的筹集资源，占据市场的大规模。

我国在设定修复目标方面，需要借鉴国外的经验和教训。有经典的案例，如美国发生的对于土壤的修复计划付出了高昂的代价；在荷兰，要求将污染的土壤环境质量全部达标，但是在实际的操作中，非常困难，而且成本很高。国外的经验告诉我们在土壤修复方面，既要满足现状，也要节省费用，不可盲目地对土壤进行揣测，或者要求污染的土壤达到指标的质量，这种要求本身就不接近现状。我们对于土壤污染进行“基于风险的管理”，这种风险管理修复的工作量小，而且可以显著地节约修复的开支。

在目前我国污染面积较大，类型众多，对于污染场地的划分尤为重要，在吸引国外的经验，推出了我国土壤污染修复的展望，具体如图8–13所示。

- 按照发达国家的经验，将土壤进行等级划分，从而确定修复的优先顺序
- 场地经过污染调查与评估，在保证人体健康、环境安全的前提下，修复基金将被优先分配给社会和环境危害最严重的场地
- 在借鉴国际先进的技术和设备上，要着重推进技术、设备、药剂材料的国产化
- 根据我国土壤的类型、条件和场地污染的特殊性，建立土壤污染的修复技术体系，以推动土壤环境修复技术的市场化和产业化发展
- 我国应结合本国污染土地的实际情况，建立类似的污染土地风险评估等级系统

图8–13 我国土壤修复技术的展望

除图8–13所示的展望以外，还有一个最主要的也是适应当今社会发展的修复技术，那就是土壤修复技术要去IT互联网相融合。互联网是代表了一种新的生产力，是具有新形态、新业态的特征，土壤修复应同其他传统行业一样，借助互联网平台，结合智能监测网络，推进我国土壤修复的进展，从而带动土壤修复的生命力，实施“净土”战略，保障人类的食物安全和身体健康，还大地生机盎然。

参考文献

[1] 环境保护部自然生态保护司. 土壤污染与人体健康[M]. 北京：中国环境科学出版社，2012.

[2] 环境保护部，国土资源部. 全国土壤污染状况调查公报[R]. 2014.

[3] 随红等. 有机污染土壤和地下水修复[M]. 北京：科学出版社，2013.

[4] 黄昌勇. 面向21世纪课程教材土壤学[M]. 北京：高等教育出版社，2000.

[5] 毕润成. 土壤污染物概论[M]. 北京：科学出版社，2014.

[6] 郑国璋. 农业土壤重金属污染研究的理论与实践[M]. 北京：中国环境科学出版社，2007.

[7] 周健民等. 土壤学大辞典[M]. 北京：科学出版社，2013.

[8] 张乃明. 环境土壤学[M]. 北京：中国农业大学出版社，2013.

[9] 陈怀满. 环境土壤学[M]. 北京：科学出版社，2005.

[10] 曲向荣. 土壤环境学[M]. 北京：清华大学出版社，2010.

[11] 张辉. 土壤环境学[M]. 北京：化学工业出版社，2006.

[12] 骆永明等. 中国土壤环境管理支撑技术体系研究[M]. 北京：科学出版社，2015.

[13] 贾建丽等. 污染场地修复风险评价与控制[M]. 北京：化学工业出版社，2015.

[14] 张宝杰等. 典型土壤污染的生物修复理论与技术[M]. 北京：电子工业出版社，2014.

[15] 环境保护部自然生态保护司. 土壤污染与人体健康[M]. 北京：中国环境科学出版社，2013.

[16] 李发生等. 有机化学品泄漏场地土壤污染防治技术指南[M]. 北京：中国环境科学出版社，2012.

[17] 唐景春. 石油污染土壤生态修复技术与原理[M]. 北京：科学出版社，2014.

[18] 环境保护部科技标准司，中国环境科学学会. 土壤污染防治知识问答[M]. 北京：中国环境出版社，2014.

[19] 张宝杰等. 典型土壤污染的生物修复理论与技术[M]. 北京：电子工业出版社，2014.

[20] 李发生等. 有机化学品泄漏场地土壤污染防治技术指南[M]. 北京：中国环境科学出版社，2011.

[21] 薛南冬等. 持久性有机污染物(POPs)污染场地风险控制与环境修复[M]. 北京：科学出版社，2011.

[22] 龚宇阳. 污染场地管理与修复[M]. 北京：中国环境科学出版社，2012.

[23] 环境保护部自然生态保护司. 土壤修复技术方法与应用[M]. 北京：中国环境科学出版社，2012.

[24] 周振民. 污水灌溉土壤重金属污染机理与修复技术[M]. 北京：中国水利水电出版社，2011.

[25] 赵其国等. 国际土壤科学研究的新进展[J]. 土壤(Soils)，2013，45(1)：1–7.

[26] 宋昕等. 中国污染场地修复现状及产业前景分析[J]. 土壤(Soils)，2015，47(1)：l–7.

[27] 杨青等. 加油站渗漏污染地下水的检测技术及管理对策[M]. 北京：中国环境出版社，2014.

[28] 韩冬梅等. 我国土壤污染分类、政策分析与防治建议[J]. 经济研究参考，2014，43(1)：42–48.

[29] 党永富. 土壤污染与生态治理——农业安全工程系统建设[M]. 北京：中国水利水电出版社，2015.

[30] 周启星等. 污染土壤修复原理与方法[M]. 北京：科学出版社，2004.

[31] 薛祖源. 国内土壤污染现状、特点和一些修复浅见[J]. 现代化工，2014，34(10)：1–6.

[32] 方亚璐等. 土壤污染修复制度的构建[J]. 法制与社会，2015，8：54–56.

[33] 李干杰. 推进土壤污染防治立法，奠定生态环境安全基石[J]. 中国科学院院刊，2015，30(4)：445–451.

[34] 庄国泰. 我国土壤污染现状与防控策略[J]. 中国科学院院刊，2015(4)：477–483.

[35] 骆永明. 中国污染场地修复的研究进展、问题与展望[J]. 环境监测管理与技术，2011，23(3)：1–6.

[36] 黄成敏. 环境地学导论[M]. 成都：四川大学出版社，2005.

[37] 郑度等. 环境地学导论[M]. 北京：高等教育出版社，2007.

[38] 李小平等. 2010年上海世博会园区的土壤修复科学研究与工程实践[J]. 北京国际环境技术研讨会，2013.

[39] 宋昕等. 污染场地：穿着隐身衣的“雾霾”[J]. 科学，2014(3)：30–33.

[40] 金鑫荣. 有多少国土已五毒俱全——中国土壤重金属污染调查[J]. 环境教育，201 5(6)：4–9.

[41] 应蓉蓉等. 土壤环境保护标准体系框架研究[J]. 环境保护，2015(7)：60–63.

[42] 程鯱. 我国土壤修复工程开展现状分析[J]. 绿色科技，2015(8)：197–199.

[43] 李飞. 污染场地土壤环境管理与修复对策研究[D]. 硕士学位论文，中国地质大学(北京)，2011.

[44] 杨勇等. 国际污染场地土壤修复技术综合分析[J]. 环境科学与技术，2012，35(10)：92–97.

[45] 骆永明. 污染土壤修复技术研究现状与趋势[J]. 化学进展，2009，21(2/3)：558–565.

[46] 周健民. 浅谈我国土壤质量变化与耕地资源可持续利用[J]. 中国科学院院刊，2015(4)：459–467.

[47] 沈仁芳等. 土壤安全的概念与我国的战略对策[J]. 中国科学院院刊，2015(4)：468–476.

[48] 邓朝阳等. 不同性质土壤中镉的形态特征及其影响因素[J]. 南昌大学学报(工科版)，2012，34(4)：341–346。

[49] 程红艳等. 不同种植作物对污灌区土壤铜形态的影响[J]. 水土保持学报，2012，26(1)：116–123.

[50] 康孟利等. 茶树与土壤中铅的存在形态与分布[J]. 浙江农业科学，2006，3：280–282.

[51] 王永杰. 长江河口潮滩沉积物中砷的迁移转化机制研究[D]. 上海：华东师范大学，2012.

[52] 张垒. 铬污染的城市土壤毒性与修复研究[D]. 雅安：四川农业大学，2012.

[53] 颜世红. 酸化土壤中镉化学形态特征与钝化研究[D]. 淮南：安徽理工大学，2013.

[54] 王图锦. 三峡库区消落带重金属迁移转化特征研究[D]. 重庆：重庆大学，2011.

[55] 刘健. 胜利油田采油区土壤石油污染状况及其微生物群落结构[D]. 济南：山东大学，2014.

[56] 王登阁. 孤岛油区土壤中石油有机污染的来源与特征[D]. 济南：山

东大学，2013.

[57] 徐鹏. 不同类型土壤中有机氯农药形态分布规律研究[D]. 北京：中国地质大学(北京)，2014.

[58] 吴新民等. 城市不同功能区土壤重金属分布初探[J]. 土壤学报，2005，42(3)：513–517.

[59] 曾跃春等. 丛枝菌根作用下土壤中多环芳烃的残留及形态研究[J]. 土壤，2010，42(1)：106–110.

[60] 肖文丹. 典型土壤中铬迁移转化规律和污染诊断指标[D]. 杭州：浙江大学，2014.

[61] 周启星等. 污染土壤修复原理与方法[M]. 北京：科学出版社，2004.

[62] 赵景联. 环境修复原理与技术[M]. 化学工业出版社，2006.

[63] 王红旗，刘新会，李国学. 土壤环境学[M]. 高等教育出版社，2007.

[64] 滕应，骆永明，李振高. 污染土壤的微生物修复原理与技术进展[J]. Soils，2007，39(4)，497–502.

[65] 石爽. 有机磷农药乐果污染土壤的微生物修复研究[D]. 大连：辽宁师范大学，2009.

[66] 翁林捷，李明伟，陈忍，吴松青，关雄. 拟除虫菊酯类农药微生物修复回顾与展望[J]. 中国农学通报，2009，25 (16)，194–200.

[67] 张文. 应用表面活化剂强化石油污染土壤及地下水的生物修复[D]. 北京：华北电力大学，2012.

[68] 崔燕玲，刘丹丹，刘长风，刘大伟. 土壤农药污染的微生物修复研究概况[J]. 安徽农业科学，2015，43(16)，75–76. 79.

[69] 余萃，廖先清，刘子国，黄敏. 石油污染土壤的微生物修复研究进展[J]. 湖北农业科学，2009，48(5)，1 260–1 263.

[70] 任华峰，单德臣，李淑芹. 石油污染土壤微生物修复技术的研究进展[J]. 华北农业大学学报，2004，35(3). 373–376.

[71] 王悦明，王继富，李鑫，陈丹宁，周禹莹. 石油污染土壤微生物修复技术研究进展[J]. 土壤修复环境工程，2014. 157–161，130.

[72] 陈红艳，王继华. 受污染土壤的微生物修复[J]. 环境科学与管理，2008，33(8)，114–117.

[73] 侯梅芳，潘栋宇，黄赛花，刘超男，赵海青，唐小燕. 微生物修复土壤多环芳烃污染的研究进展[J]. 生态环境学报，2014，23(7)，1 233–1 238.

[74] 王晓锋，张磊. 有机污染土壤的微生物修复研究进展[J]. 中国农学通报，2013，29(2)，125–132.

[75] 唐金花，于春光，张寒冰，杜茂安，万春黎. 石油污染土壤微生物

修复的研究进展[J]. 湖北农业科学，2011，50(20)，4 125–4 128.

[76] 钱春香，王明明，许燕波. 土壤重金属污染现状及微生物修复技术研究进展[J]. 东南大学学报(自然科学版)。2013，43(3)，669–674.

[77] 赵其国. 提升对土壤认识，创新现代土壤学[J]. 土壤学报，2008，45(5)，771–777.

[78] 黄春晓. 重金属污染土壤原位微生物修复技术及其研究进展[J]. 中原工学院学报，2011，22(3)，41–44.

[79] 李顺鹏，蒋建东. 农药污染土壤的微生物修复研究进展[J]. 土壤，2004，36(6)，577–583.